全国高等院校设计专业精品教材

刘宝岳　丛书主编

包装设计

肖英隽　魏道鹏　编著

中国建筑工业出版社

图书在版编目（CIP）数据

包装设计 / 肖英隽，魏道鹏编著．— 北京：中国
建筑工业出版社．2012.12
（全国高等院校设计专业精品教材）
ISBN 978-7-112-14805-9

Ⅰ．①包…Ⅱ．①肖…②魏…Ⅲ．①包装设计—高
等学校—教材 Ⅳ．①TB482

中国版本图书馆CIP数据核字（2012）第249198号

　　本书为《全国高等院校设计专业精品教材》中的分册之一。该丛书为设计类本科生的专业教材，由基础篇和设计篇构成，共计19部。本书作为高等院校设计专业的教学用书，根据艺术教学的需要，从课堂教学的角度入手，对包装设计的基本理论、包装设计的基本表现方法及包装设计的造型规律、包装的材料、包装的结构设计等作了深入的研究，重点讲述包装的设计与制作过程，强化对创意图形、设计色彩及表现技法的训练，并通过精彩的设计案例以及细致入微的文字介绍向大家展示出系列包装的独特魅力。

　　本书配有许多国内外优秀的包装设计图片，收录了大量课堂作业，插入了包装设计的实际案例，文图新颖，通俗易懂。一方面可使学生及时了解国际上的最新的包装设计动态；另一方面也了解国内设计教学的最新状况。本书文图新颖，通俗易懂，操作性强，既可作为高等院校设计艺术专业教材使用，也可供设计者学习参考。

责任编辑：李成成　李东禧
版式设计：刘政恒
责任校对：陈晶晶　刘　钰

全国高等院校设计专业精品教材
刘宝岳　丛书主编

包 装 设 计

肖英隽　魏道鹏 编著

*

　　中国建筑工业出版社出版、发行（北京西郊百万庄）
各地新华书店、建筑书店经销
北京画中画印刷有限公司印刷
*
开本：880×1230毫米　1/16　印张：6 3/4　字数：232 千字
2013 年 9 月第一版　2013 年 9 月第一次印刷
定价：**39.00** 元
ISBN 978-7-112-14805-9
（22885）

编 委 会

序

我国艺术设计教育事业近 20 年有了长足的发展，尤其是艺术设计专业，教育体系日臻成熟，教育成果日益显著，这种状态下，优选优秀教材的工作就显得十分迫切。可以说，目前国内同类教材的编写，自 20 世纪 70 年代以来从无到有，从开始的引进、翻译，到现在的 40 多个版本，取得了可喜的成绩，这离不开从事艺术设计专业教育的广大教师的努力和探索。然而，作为艺术设计专业课受众最多的教材，也面临许多问题：教材中，有的知识老化，千面一孔；有的理论概念简单，图解化和几何化现象严重；有的过于强调学术性，缺乏作为教材应具有的理论知识及逻辑梳理；有的教材则出现理论教育与设计实践相脱节的情况；还有不少教材的编写粗制滥造。

当前，我国存在的艺术设计专业教材体系和教材的选用基本形成了南北两大体系。南方体系出版的教材具有一定的前卫性，思维活跃，变化快；而北方体系出版的教材系统性强，基础坚实。当前存在南方不选用北方教材，北方不选用南方教材的情况。然而，我坚信一套优秀的教材会突破南北特性差异及固有的地域界限，会为大家共同接受。

此次编写的《全国高等院校设计专业精品教材》丛书，作者为具有丰富一线教学经验的教师。该丛书是他们集多年教学和研究经验，筛选教学实践中的资料和部分优秀作业的精华，根据我国艺术设计专业课程的教学改革和专业特色，并参照国家教育规划纲要的创新与需要而编写，其特色如下：

1. 该丛书理论系统内容完整、概念清晰，既有基本理论、基础知识，也有基本技法，特别注重理论与实际相结合。

2. 该丛书各章节均以设计为主线，针对性强，重点突出，脉络清晰。

3. 该丛书内容十分丰富，整套丛书所附的设计范图多达数千余幅，多数章节配有设计步骤图，便于指导读者学习或自学，而且还有不少深入浅出的赏析文学，可读性强。

4. 该书无论是设计方法还是具体图例，都严格按照教学大纲要求，源于实践、生动活泼，更切合实用。

5. 此套教材各个章节增加了课程设计，此为创新之举。鼓励学生运用形象思维方式去思考理论创新问题，这使该教材更加符合艺术设计教育的专业特点，即形象化教学的艺术教育规律，此为该丛书的一个特色。

6. 该丛书有别于市场同类教材 20 年来形成的知识老化、理论概念简单、图解化、几何化的现象，一改基础理论教育与设计实践相脱节的弊病，在深化理论的基础上联系实际，强调基础教学为设计服务的理念，用丰富的艺术形式和艺术语言使其呈现多样性，特色鲜明。此套丛书具有的特色和强人之处，或许可以使艺术设计专业的课程体系更加完善，受到更多师生的欢迎，为一线教学作出贡献。

丛书主编　刘宝岳

前 言

包装设计是产品穿着得当的外衣，在美的包装设计下，产品在消费者面前熠熠发光，包装设计是体现产品价值的组成部分之一，它蕴含了企业文化的精华及品牌的精神魅力。

随着国际贸易的飞速发展，包装已经成为商品流通中不可缺少的重要环节，现代包装工业已经广泛应用激光、电子、微波等技术，成为交错繁杂的系统工程。

现代包装工业无论从工艺、设备、材料、技术、产业化等方面都得到了飞跃的发展，也进一步推动了包装科学研究和包装学的形成。包装学科涉及的范围很广，涵概了物理、化学、生物、人文、艺术等多方面知识，成为综合性的科学。

本书以视觉设计专业所需的职业能力培养为核心。通过对包装设计问题的综合分析与求解，对学生在包装的整体创意、造型设计能力、色彩控制能力、文字表现能力和设计制作技能进行了全面的训练，力求使学生具备包装设计所需的创意表达以及工具、材料、表现技法的掌握和运用技能。

本书主要由六大部分构成，首先系统地介绍了包装设计的历史由来，以及包装设计的功能和分类。从包装设计的流程、包装设计的创意与策划和包装设计的发展趋势几个方面向读者细致地分析了包装设计的流程和包装行业的现状及未来的发展，强调了包装的一些平面视觉上的设计，包括包装设计过程中的图文编排，色彩的搭配以及包装设计的创意点，重点介绍了包装的材料应用，让大家在进行包装设计之前对包装材料的选择有着更为清晰的认识，为以后大家再进行包装设计提供更加详实的包装材料的参考。

本书配有许多国内外优秀的包装设计图片，收录了大量的课堂作业，插入了包装设计的实际案例，文图新颖，通俗易懂。一方面可以使读者及时地了解国际上最新的包装设计动态另一方面也可以了解国内设计教学的最新状况，使读者可以对包装设计有更加及时准确的了解把握。

本书从课堂教学的角度入手，深入剖析了这些精彩案例的独到创意、设计方法及表现手段，内容丰富充实，生动有趣。本教材采用一案一析的方法，作品点评精彩，使学生能在较短的时间内全面提高设计创作水平，为其将来应对职场挑战打下良好的基础。

肖英隽
二○一三年于天津

目 录

第一章 包装设计概述

学习要点及目标：
了解包装的历史和发展；
掌握包装基本元素的语言传递；
认识包装设计的功能及作用。

商品包装是人们在市场交易中对包裹、盛装商品的保护用品，包装设计是在保护商品的基础上对商品进行的美化和打扮，犹如我们穿的衣服，既可以避寒也起到美观的作用。由于人们生活中对各种物品进行保护、分类、存放，商品包装便成为商品不可缺少的一部分。而且，商品的性质和档次不同，包装的材料与设计风格也不同。早在 18 世纪中叶，高档货物的包装即已经成形，但当时的包装更多的考虑如何解决商品的运输问题。在那时，易损商品的零售包装，虽已零星出现，但尚处于不成熟阶段。

在社会进步发展的过程中，随着商品与需求的逐步互动更新，人们对商品包装的功能需求也随之丰富起来，这时包装除去有保护产品的功能外，更注重包装外表的艺术设计、并提倡包装应当便利商品的经销。

1 包装的起源与形成

追溯包装的起源，也是回顾我们人类的文明历史，在我

图 1-1 柔软的橘子 自然的保护是最完美的包装，人类在享用的过程中也得到了来自自然的启示。

图 1-2 坚硬的核桃 自然包装在生物类中更是比比皆是，比如，飞禽的羽毛是对自身保护的结构。鸟的翅膀也是自然的保护和装饰。这些千变万化的天然包装保护正是自然的慷慨赐予。对相应的生命体的爱护和保护，是生命得以延续的根本。

们生存的空间，我们无时无刻不处于被保护的温暖中，这些天然或认为的包装与我们的生活息息相关。

1.1 自然的启示

人类出现之前，自然包装就已经存在，比如，我们的地球，就是浑然天成的自然包装，大气层环绕地球具有防护辐射与缓冲来自宇宙外力的保护性，同时为生物提供了优越的生长环境，使得地球在宇宙中保持相互间的平衡。

我们地球的山冈、河流、海洋，平川都是自然的杰作，深林、草原也是对地球的天然包装。还有自然生长的植物果实，如核桃、桔子、苹果等都有自己的自身保护层，大自然赋予植物果实美的造型、诱人的色彩、良好的保护功能，如图 1-1、图 1-2 所示。

在生活和生产实践中，人类从大自然中学习到了包装的审美观念，包装的知识和手段。在原始社会时，人类就采用树叶、贝壳、竹筒、葫芦等大自然材料对食物和物品进行包装，以便使得物品携带方便，利

于保护。所以说，自然形成的包装是我们最好的老师，给予我们在包装设计中带来灵感的光，无限的想象。

1.2 原始包装

人类使用包装的历史是从原始社会的旧石器时代开始的。那时，人类仅靠双手维持简单的生存。随着生产技术的不断提高和发展，剩余物品有所增多，同时也带动了越来越多的产品用于交易和运输，这时贮存和交换就成为原始包装的先决条件。如何包装这些物品呢？人类在对自然界的长期观察中受到启迪，他们学会使用植物的叶子、果壳、兽皮、贝壳等物品来盛载和储藏食物。使用植物纤维进行捆扎，用自然植物枝条制作最原始的篮子和筐，用泥土制成泥壶、泥碗和泥罐来保存食物和水，这些纯天然的包装既环保又美观，虽然还称不上真正的包装，但已经使包装呈现最初的雏形，如图1-3、图1-4所示。

1.3 带有传统元素的包装

中华民族的文明历史，为我们的包装设计提供了取之不尽、用之不竭的灵感和素材。中国的传统包装有着悠久的历史文化渊源，中国在夏代时已能冶炼铜器，商周时期的青铜器已经十分精美。战国时期漆器制作技术得到很好的发展，并开始制造铁

制容器。公元前105年蔡伦发明了造纸术，后来人们用树叶纸张、棉麻编织、竹器制造成盒子、泥土烧成陶器等，中国传统包装材料具有纯天然、无污染的生态价值，这些代表中国传统包装材料的商品包装一直沿用至今。比如中国的粽子，人们用芦苇的叶子或箬竹的叶子包裹糯米，用粽子绳子扎系，造型独特别致，极具传统色彩。在蒸煮的过程中，箬叶的天然香气自然地渗入到糯米中，美味香浓。当然传统包装在不同的历史时期、不同的民族和地域都会显示出自身的特点和魅力。在带有民族风格的现代包装设计中，我们常常采用仿古手法来进行创意设计。尤其是传统土特产品设计的包装材料及传统元素的选用，仿古手法可以从材料、结构、造型、书法、图案纹样、色彩等方面汲取民族文化的精华，使得包装设计更加具有文化的深度和整体的意境。在时空及地域信息传达方面，力求准确生动，如图1-5～图1-7所示。

1.4 现代包装

随着国际贸易的飞速发展，包装已成为商品流通中不可缺少的重要一环，不同档次、不同类型的包装在商品中所占比例越来越多，包装也体现了企业和商品的风格与内涵。

现代包装工业已经应用激光技术、电子技术、微波技术等，现

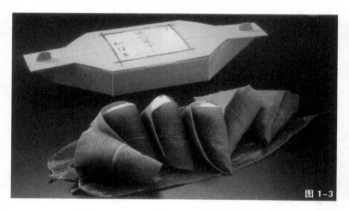

◨ **图1-3、图1-4 用天然叶子包装的食品** 很多包装选用天然的植物作材料，形成和产品浑然一体的舒适感，既环保又节能。同时又有一种亲切的自然味道。

◨ **图1-5 果酒包装设计（设计：游昀）** 包装是日系风格。小盒装，颜色艳丽，体现果酒的美味。外盒用瓦楞纸装，抗压，保里面的瓶子。外面用草绳包装，低碳节能环保，同时也体现果酒的独特香味和绿色食品。

◧ **图1-6 传统元素的包装设计** 传统文化永远是取之不尽的宝库，那些生动的脸谱诉说着多少历史的故事，使人遐想万千。

◧ **图1-7 王朝葡萄酒（设计：尤路星）** 王朝葡萄酒名酒之一，历史悠久，在此次包装设计中，整体风格采用比较优雅、传统的西方古典风格。色调淡雅，插图也选用一些葡萄的变形纹样，使得这组包装看上去大气典雅。

图1-8

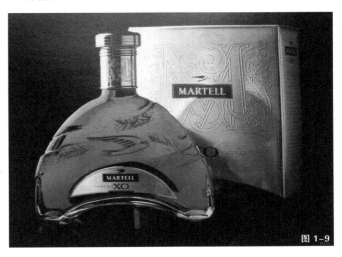

图1-9

◧ **图1-8、图1-9 XO酒包装设计** 这两款XO酒的包装设计风格华美瑰丽，承载了历史的厚重感，高贵沉稳的色彩，独特流线的造型，使得酒与包装融为一体，凸显了不凡的身份。成为人们钟爱的美酒。由此可见，包装的功能和艺术设计的效果直接影响并促进着商品的生产和销售，这便是商品包装的最初的保护意义升华到更好的高度。

代包装设计实现了计算机辅助设计，包装设计已经迈入了电脑设计时代，设计师可以借助于电脑软件的设计方法将自己的创意表现得淋漓尽致，并能快速地完成繁杂的设计工作。现代包装工业无论从工艺、设备、材料、技术、产业化等方面均得到了飞跃的发展，也进一步推动了包装科学研究和包装学的形成。包装学科涉及的范围很广，涵盖了物理、化学、生物、人文、艺术等多方面知识，成为综合性的科学。在这样的前提之下，包装的作用和功能渐渐完善起来，在商品极大丰富的社会里，包装充当着人与人、人与物、物与物之间的中介，它不仅有简单保护商品、方便运输的作用，还以强烈的文化感染力和视觉震撼力吸引着消费者。当然，现在的"包装"也存在很多过度奢华虚假的现象，其违背了包装设计的初衷，偏离了包装最初的意义。有内涵的包

装还要通过图形创意表达其文化内涵，如图1-8～图1-11所示。

运用具有地域特色的剪纸纹样和独特的各边形分体造型设计，表现民族文化。现代的商品的包装与设计跨越了多种学科的边缘，涉及的范畴包括材料、结构、人体工程、印刷技术、传播、艺术、营销等，在学习包装设计之初，了解商品包装的基础知识，探讨包装设计和诸多范畴的立体关系，掌握包装设计的应用技术十分重要，为我们在商品包装设计的学习与实践提供参考并开拓新思路。

2 包装的功能和设计理念
随着工业化大批量生产技术的发展，市场经济呈现出全

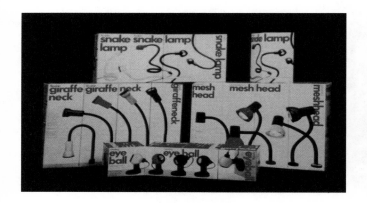

◙ **图1-10 堆叠式灯具包装** 通过摄影的表现手法，将商品作为包装画面的主体图形编排在画面中心，并将单体商品排列成组，堆叠组合后形成具有兴味与吸引力的画面包装，从而展现商品最美的形象与品质。

◙ **图1-11 陕西瓜子包装** 看到这抢眼的红色就想起了陕西历史特有的文化，多棱的包装造型更烘托了欢喜的气氛，把一幅休闲的图画呈现到人们眼前。

新商品与销售模式，这不仅丰富了商品需求也改变了设计理念，同时，商品的包装设计越来越具有深远的意义，体现出自身的独特价值。包装设计时代的来临是商业活动、贸易竞争、文化发展完美结合的结果。

2.1 包装的功能

包装要使商品在流通中得到很好的保护，不受气温、干湿、挤压、振荡、光照、腐蚀的影响，设计师要考虑的方面很多，例如集装、存储、运输等。如何使商品安全地到达消费者的手中，永远是设计者需要探索的课题。

2.1.1 保护功能

保护商品是包装在物流系统中的主要作用，在商品的流通中，需要经过装卸、运输、库存、陈列、销售等环节。包装就是为了避免商品在移动和储存的过程中发生耗损和误差。一件商品，要经过生产、包装、出厂、运输、装卸等多个环节，才能走进商场，最终到消费者的手中。在储运过程中，保护功能所花费的成本相当高，威胁到商品的安全因素有很多，如磕碰、雨水、暴晒、气体、细菌等，由于商品需要保护程度不同，商品的档次差异，所以包装的结构与材料等都要适合商品的具体要求，以保证商品在流通过程中的安全。例如，电视机的高价值和易碎性，这就要求在包装上的投资很高。可是蔬菜的包装就可以简单一些，因为蔬菜大多数并不是易碎的商品，如图1-12、图1-13所示。

2.1.2 便利功能

所谓便利就是提供方便，是制造者、营销者及顾客要使商品的包装设计便于使用、携带、存放等。包装设计者要站在营销者

◙ **图1-12 酒的包装设计1** 作者充分利用啤酒的原材料，通过雕刻的形式展现在包装盒上，又采用自然中最原始的颜色，火红、金黄、草绿和深绿结合土黄色麦子的颜色，画面给人以"回归自然"的感觉。这是一种最具有感染力的搭配。

◙ **图1-13 酒的包装设计2** 以黑色和灰色为主调，凸显了酒的沉稳和高贵，包装采用较硬的材质，对产品起到了很好的保护作用。

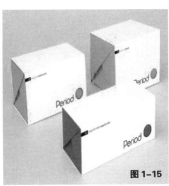

图 1-14   图 1-15

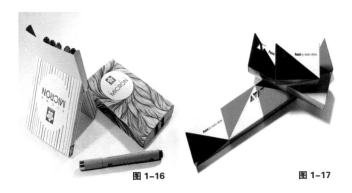

图 1-16   图 1-17

◪ **图 1-14、图 1-15 小巧的包装设计** 小巧灵活的造型与包装设计既美观又方便携带，常常使消费者爱不释手。浅淡而靓丽的色彩一般多用于化妆品，卫生用品等，它使人联想到洁白无尘，如清晨的雨露格外清晰。

◪ **图 1-16、图 1-17 文具包装设计** 一般不用过于花哨，可以简洁明了，符合产品的味道，精致中透出文化元素，给人一种积极的美感。

和消费者的角度考虑，应方便搬运、储存、移动等，要以"人"为本，包装更要便于消费者采购和携带，使商品更加贴近消费，使消费者乐于购买，好的包装设计也加强了消费者与企业之间的感情，为以后的销售提供了广阔的前景。很多人购买酱菜等小包装时，都会喜欢这种小巧、方便、随意的美食为其所带来的快感，如图 1-14、图 1-15 所示。

2.1.3 销售功能
商品的新时代特性要求商品包装不仅仅具有单纯的保护、便利功能，在很大程度上，它更要求包装有促进商品销售的价值，在市场竞争日益强烈的今天，包装的作用与重要性也为厂商所认可。这种价值的实现程度是衡量包装设计成败的一个重要标准。如何让自己的产品得以畅销，如何美化商品、吸引顾客，有利于促销。包装设计必须通过市场竞争的检验，让自己的产品从琳琅满目的货架中被消费者选中，仅靠广告宣传和产品自身的质量是单薄的。设计最后的成功与否在于它能否达到美化产品最终实现促销的目的。

在各种超市，产品自身的包装直接面对消费者。包装吸引着顾客的注意力，并能够把他的注意力转化为兴趣，让消费者产生强烈的购买欲，实现促销的目的。其实，好的包装就是一幅广告牌。好的包装能够提升产品的品位，起到事半功倍的作用，如图 1-16、图 1-17 所示。

2.1.4 传达功能
消费者视觉通过的第一印象，是能否产生好感的关键，所以准确传达产品信息是包装设计重要的一环，俏丽的造型，怡人的

色彩，精美的图案，符合商品特征的材质，都会给销售带来惊喜。另外，包装的档次与产品的档次要相适应，掩盖或夸大产品的质量、功能等都会起到不好的效果。为了方便消费者和管理人员的辨别，包装上必须注明产品型号、数量、品牌以及制造厂家或零售商的名称。

此外，包装所用的造型、色彩、图案等也要准确地传达产品信息，如包装色彩的运用有这样的经验：食品类多用暖色、橙色，电器类多用冷色和蓝色等，使消费者通过包装了解产品，如图 1-18 所示。

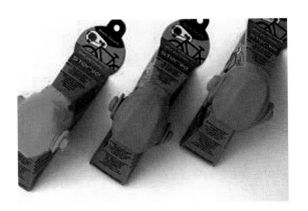

◪ **图 1-18 趣味包装** 好的包装能够体现产品的特色，形成视觉的趣味性。采用独特的造型，明丽的色彩对比使包装耐看且生动。

图 1-19 咖啡系列包装

【设计案例】咖啡包装

这组包装选用的产品为咖啡，名叫 coffee time 。此产品的系列包装设计，是为了进一步对其产品的品牌进行更好的阐释。这款咖啡的消费目标群体是年轻人和学生，其中主要是那些上班族或是学生。他们每天都在自己的天地中努力着，并希望从中得到享受和惊奇（图 1-19）。

根据这一消费群的特点，我们首先在色彩上大胆地选用了以白色和绿色为主色调，棕色反而以一种小面积的形式出现在包装上，绿色总是给人以生机，希望甚至是有些快乐的感觉。

合体设计用了很多异形和小创意在里面，而且在设计时针对咖啡这一产品的特点作了些调整。例如，以前的包装主要是多袋的包装，如图 1-20 a 所示的包装为一款 3 袋，它向一些不了解该产品的人展示它的过程：尝试——美味——快乐时光。如图 1-20 b 所示，则是独立包装，便于携带。如图 1-20 c 所示，则是一款咖啡糖的包装，从它的外形消费者便可以看出它的卖点，这样也增加了它本身的趣味（设计：陈傲、李朋非）。

2.2 包装的理念

包装设计的发展过程也是包装理念的发展历程，在包装设计的过程中首先提到的就是包装的科技理念，而每一个时期的包装理念都会打上独特的时代烙印。包装包含的因素很多：科技、文化、艺术、社会心理以及生态价值等，包装理念的发展反映出人类文明与科技的发展，是一种新的经济意识觉醒。

影响包装理念变化的因素有很多，如产品的更新换代、商业流通的发展、新材料的更新换代，生产技术的改进等，飞速发展的技术与经济环境使设计师必须站在时代的前沿。他们必须将

自然生态的长远价值融会于人性化的科学设计理念中，设计师不仅要迎合消费者的眼光，还要引导大众认识包装设计的文化性以及绿色包装、适度包装、轻度包装的重要性。包装的理念大致可以分为以下几点。

2.2.1 安全理念

商品和消费者的安全是包装设计的头等大事。设计师应当根据商品的属性考虑商品在储藏、运输、展销、携带等一系列方面的问题，包括材料、造型、防潮、防腐、防漏、防燃、防爆等特性，抗震、抗压、抗拉、抗挤、抗磨性能，以确保商品和消费者的安全，如图 1-21 所示。

2.2.2 促销理念

促进商品销售是包装设计最重要的功能理念之一。它替代了部分销售人员，担任起作商品特征及其使用方法的说明等工作，节约了商场空间，节省人力，降低了销售成本，商品包装设计还能够吸引广大消费者的视线，激发消费者的购买欲望，经过包装的商品可以直接和顾客见面，加速了商品流通的速度，促进了商品经济的繁荣，如图 1-22 所示。

2.2.3 生产理念

包装设计在确保造型优美的同时，还必须考虑该设计能否符合工艺要求，达到精确、快速、批量生产的目的，包装材料与生产工艺是否吻合，根据商品的属性、档次、用途和消费群体等因素，选择适当的包装材料与适合的新颖造型，使表现形式和商品和谐一致，尽量节约生产加工时间，促进商品的顺利流通，如图 1-23、图 1-24 所示。

2.2.4 人性化理念

包装设计主要是为人服务的，所以人性化的理念应该贯穿包装的始终。好的包装设计要考虑商品的储藏、运输、销售等。为此，包装结构的比例合理既可以节省空间又可以更好地保护商品，同时包装的造型无论是精美还是质朴都要与商品的格调一致，包装设计与材质搭调、从造型、色彩、对比、协调、节奏、韵律等方面综合考虑，力求达到盒型结构功能齐全、外形精美，为消费者提供更多的方便，如图 1-25、图 1-26 所示。

2.2.5 艺术理念

完美的艺术性是包装设计的魅力所在，俗话讲得好，人饰衣裳，马配鞍。包装可以美化商品的形象，并适度提高商品的档次。精美的包装使商品具有艺术欣赏价值，使商品在众多商品中脱颖而出，带来美的享受，赢得消费者的芳心。当然，消费

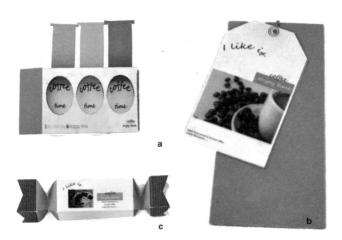

📀 **图1-20 组合包装**　　📀 **图1-21 采用防潮、防腐、防漏材料的包装**

📀 **图1-22 适合商场摆放宣传的包装设计**
一些提供受众近距离接触阅读的包装设计，必须方便顾客接收商品信息，因此其放置地点与货架的高度尺寸要符合人体的视觉习惯。主观营造一种与内容气氛相符的意境，捕捉特有的意念及瞬间灵感，将设计师的感受、情感体验，通过联想、夸大、归纳、浓缩、提炼，转化为概念元素，设计师再通过视觉元素（文字、图形、材质等）将其表现出来。

📀 **图1-23 易拉罐外形设计、图1-24 独特的瓶型设计** 内容和形式是任何艺术作品不可或缺的因素，什么产品采用什么材料的包装是一个值得研究的课题，只有很好地处理两者的关系，形神兼备才能设计出好的作品。

◘ **图1-25 化妆品包装设计（作者：张迪）**这组化妆品包装设计，其主体风格采用田园式设计风，从而体现了产品自身的品牌价值，及精油系列的主旨。周身以高贵金色为附属丝带，折花式处理使品牌独具魅力，从而在细节上吸引消费者。

◘ **图1-27 趣味包装设计** 这组包装拼凑在一起使人联想到闪闪星空下那些令人向往的家，各式的房屋造型，区别了一个系列中不同特色的产品，既有家族的味道，又保持各自的特点。

◘ **图1-26 LEGA LEGA 女装品牌（作者：陈诗施）**此套包装是为 LEGA LEGA 女装品牌做的设计，包括了手提袋、鞋盒、服装盒、服装吊牌和小礼品盒。以色彩炫丽的花朵为创作元素，怒放的花朵彰显生机，艳丽的撞色运用，绚烂、明亮、清新、时尚。整套设计散发着清新、雅致、时尚的气息，给人春天般的感觉。色彩炫丽而独特，更加引人注目，更易获得时尚高雅都市女性的青睐。

理念的变化对包装设计的理念也有着重要的影响。进入科技信息飞速发展的今天，生活理念和消费理念发生了极大的变化，故设计艺术理念也会随之不断丰富和发展，如图1-27所示。

2.2.6 环保理念

环保意识永远是人类为之努力的课题，随着时间的变化，这个课题将越来越得到重视。现在，环保意识已经成为世界大多数国家的共识。绿色食品已经成为人们饮食追求的目标，那么包装在材料的选择上就要考虑不污染环境、不损害人体健康这两个重要的环节。带有环保理念商品包装设计才可能成为消费者最终的选择，如图1-28、图1-29所示。

2.2.7 视觉传达理念

视觉传达的重要特点就是简洁美观，在商品包装上更要求体现出便利性、简洁性。过多的修饰内容只会造成互相干扰，淹没主

◘ **图1-28 包装设计（餐具套装）（设计：任佳莹）**这套餐具用最简洁的瓦楞纸作为盒子，具有环保意义。简单的品牌名称装饰在盒子外部，用带有花色的纸条包围在外面，简洁大方，每一个内部设计都不会使餐具掉落或者晃动，刚好卡住餐具，具有很独特的寓意。

图 1-29 悠哈糖果的外包装（设计：原瑾）悠哈糖果的外包装，主要是通过喜怒哀乐主题体现糖果的四个口味，寓意儿童善变的脸，包装颜色鲜艳，形式可爱，简单易懂，符合儿童的审美。

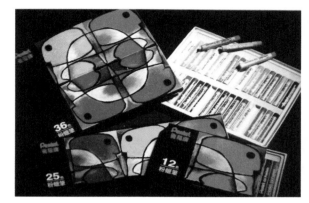

图 1-30 蜡笔包装 色彩丰富的包装设计一下子就让孩子爱上它，它仿佛在催促你快点拿起笔，绘画那些你享有的美好生活。

题，减弱视觉冲击力，包装设计还要有秩序性，主次分明，不能让过多的信息扰乱消费者的思维。在商品的包装设计过程中，应当考虑当今快节奏的生活，尽量归纳视觉元素，强化主题的渲染，使包装设计真正能够简洁、快速地传达信息，如图 1-30，图 1-31 所示。

【设计案例】鸡蛋包装设计

该鸡蛋包装是根据鸡蛋本身的形状进而联想到大肚子形，设计时将盒子表面的卡通动物图案的肚子部位做成镂空，并与鸡蛋的形状相结合，让人们在购买时既可以看到鸡蛋的品质又可以看到各种动物的肚子，相对于传统的鸡蛋包装更具卡通化，显得俏皮可爱，如图 1-32 所示。

如图 1-32a 所示，从这个角度人们可以通过盒子的镂空了解产品，将卡通动物的头部与身体图案分为两个面更具空间感。如图 1-32b 所示，能够清楚地看到包装表面卡通动物图案与鸡蛋的形状有趣、巧妙地结合，使该鸡蛋的包装充满趣味性。

图 1-31 洗浴液的图形设计 精美的洗浴液加上很美的图形设计，巧妙地衬托出一种惬意的生活和休闲的生活态度。

设计说明（图 1-33）：

该鸡蛋的包装设计打破了常规盒子的封口形式，将开启的地方做成阶梯的样子，阶梯上的人物呈手捧东西上楼梯的样子，令人感觉小心翼翼，画面提醒人们该物品应轻拿轻放，如图 1-33 所示。

总结：立体包装对于产品而言具有一定的宣传作用，包装是受众在接触产品时首先看到的，所以有趣生动的包装可以增加消费者对产品的好感度，并且可以直接促进产品的销售（设计：辛静，汪晓庆）。

图 1-32 鸡蛋包装正面图、俯视图

◎ 图 1-33 包装打开式、侧面图、正面图

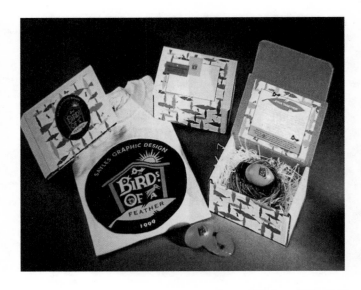

◎ 图 1-34 酒包装图

◎ 图 1-35 Pattis Pickledilly Pickles 罐头包装　　包装中直接使用传统经典的图画可以有效引起消费者的共鸣，产生很好的宣传作用，这需要根据商品的属性特点有选择地进行设计，漫画作品并非适用于所有的包装，比较适合用于轻松风格的表达。

3 包装的分类

包装的分类通常被分为两大类：运输包装和销售包装。专业分类一般有以下几种方法：

a

b

◐ **图 1-36 轻松地绘画包装图形** 鲜艳的色彩、活泼的图形，再配上便捷的包装外形，使人在视觉上产生一种喜悦的心情，同时也让人联想到美味的食品。

3.1 按产品经营方式分类 内销产品包装、外销包装、礼品包装、经济包装、特殊产品包装。

3.2 按包装材料分类 选择包装材料要考虑不同的商品特征和性能，商品的运输过程与展示效果等。可以分为纸制品包装、木包装、陶瓷包装、塑料制品包装、金属包装、竹木器包装、棉麻包装、布包装、玻璃容器包装和复合材料包装等。

3.3 按制作技术分类 防震包装、防湿包装、防锈包装、防霉包装等。

3.4 按包装货物种类分类 食品、针棉织品、医药、轻工产品、家用电器、机电产品和果菜类包装等。

3.5 按包装容器形状分类 箱、桶、袋、包、筐、捆、坛、罐、缸、瓶等，如图 1-34、图 1-35 所示。

3.6 按包装的形状分类 小包装、中包装、大包装。小包装紧贴商品，是商品走向市场的第一道保护层。中包装对商品起到加强与保护的作用，同时也便于计数以及便于对商品进行组装或套装。大包装也称外包装，主要指运输包装。大包装主要用于确保商品在运输中的安全，如图 1-36 所示。

传统包装设计的构架概念正面临一场新的革命，飞速发展的技术与经济环境已经不允许设计师们墨守成规于传统形态意义上的包装设计。现代化的市场经济环境需要一种意义上更为宽泛

的包装设计理念来支撑，传统的包装形态已无法满足市场经济的需要。当我们走进 21 世纪的同时，设计也面临着新的挑战，信息时代的社会环境有助于产生形式多样的消费者和消费群体，并为包装设计打开一个丰富多彩的文化体系。我们应该提倡用更新颖的、更科学的和更市场化的设计概念来构架现代包装形式，同时需要我们广大的设计师用创新的思维和眼光去定位设计包装的形态及领域。今天包装概念的载体已经扩展到多种设计艺术形式，除了视觉传达意义上的诸如平面设计、传统包装形态、数字视频、立体造型、装置艺术、空间构架等形式外，还有诸多的如听觉的、触觉的、嗅觉的或是多种形式综合的形态与方式展现的全新领域，以全面提升和打造 21 世纪的包装设计。

本章小结：
本章主要介绍包装的起源，系统地介绍了包装设计的历史由来，以及包装设计的功能和分类，使读者在第一时间对包装设计有了一个总体性的了解。

本章思考题：
1. 简述包装的历史，说说你对包装的认识？
2. 谈谈如何将民族文化融入包装设计中？
3. 包装设计的作用与包装和产品之间的关系有哪些？

课题设计：
进行市场调研，运用所学理论知识对同一类别的几个品牌的包装设计进行了解、分析、比较，力求从不同角度找出其设计的成功之处及不足。

【设计案例】创意包装盒设计与步骤

这是一款盛放鸡蛋的盒子包装，外形做成了小火车的样子，包装盒的车头和车身是可以分开的，车头拉开，里面就是放鸡蛋的地方了，车窗的部分是掏空的，里面正好可以看到鸡蛋，车窗上面还有形态各异的表情（图1-37）。

第一步，先画出盒子的基础图形（图1-38a）。

第二步，在基础图形上面加上颜色（图1-38b）。

第三步，在盒子上面加商标LOGO、食品说明等（图1-38c）。

总结： 生动有趣的商品包装会给消费者带来意想不到的惊喜，提高了商品的附加值（设计 李海茹）。

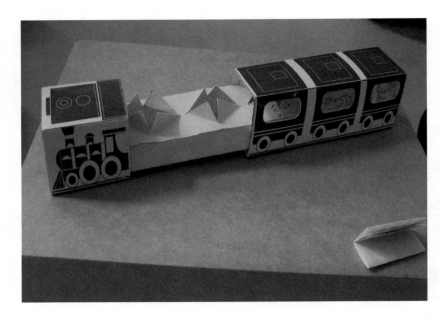

◘ **图1-37 创意包装盒**

a

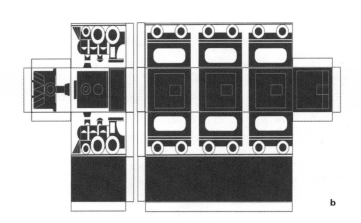

b

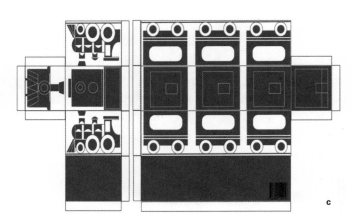

c

◘ **图1-38 创意包装盒设计与步骤**

第二章 包装设计程序

学习要点及目标：
了解包装设计程序；
提高观察能力；
增强包装设计的能力；
培养对包装设计的审美和兴趣。

包装设计技术的突飞猛进顺应了现代物流技术及供应链的发展，包装设计除了保护商品自身的安全外，还与物资流通、产销管理、产品设计等密不可分，这就对商品包装提出了越来越高的要求。

1 包装设计流程

随着我国及世界各国环境保护意识的提高，包装以一种新的姿态展示绿色环保、节能降耗的新理念。包装设计不再是单纯地追求保护盒的美观，它有自己一套完善的程序。

1.1 调查研究

商品包装设计的前提是做好市场调查研究．企业一切营销活动的最终核心是消费者，包装设计也要从这个切入点去考虑，在包装设计策划的初始阶段，首先要对产品及相关信息进行详细的了解、分析、比较，根据产品开发战略及市场情况制定产品开发动机与市场切入点，然后根据目标消费群体和销售对象的年龄、层次、职业、性别等因素制定设计方案。

我们经常遇到一些设计师不顾市场和产品的需要，坚持采用自己喜爱的设计风格，结果设计的包装不被市场所认可，白白消耗了自己的精力与委托方的资金。包装形象设计应该结合产品定位，了解竞争对手的状况，以更准确的调研结果为今后的工作铺平道路，提高包装设计工作的效率。

实践是检验真理的唯一标准。艺术与市场既相互关联，又不完全等同，设计师只有详细地分析与研究市场动向，才能有正确的认识和判断，才能在设计商品包装时表现商品的特性，并给商品以准确的定位，设计师根据商品的性能、种类、外观、特点，商品的销路，营销方法，市场终端状况，销售地点、地区，所要面对的消费群体等因素一一进行分析，在胸有成竹的时候展开自己的创意。所以说，对市场的调查研究是形成设计概念的重要前提。

1.2 创意设计

设计师在对产品、市场、消费者、销售环境等一系列问题进行调查研究与详细分析的基础上，初步在头脑中形成一系列的想法，并一点点由浅到深、由感性到理性、由模糊到清晰，逐渐生成成熟的思路和设计理念。这种设计理念的形成贯穿整个设计过程，使得创意、表现方法、表现手段、选用材料等，有一个相对的融合。在创意设计阶段应该提供多种设计方向和构思想法，以便定出最完美的创意设计方案，并按部就班地完成实施，如图 2-1 所示。

◘ 图 2-1 立体包装（设计：高波）这是一组学生作业，虽然不够成熟，但却十分新颖。包装盒的外形采用角形和星形的造型，特点突出，一下子就与其他同类产品区分开来，摆在货架上更能吸引潜在消费者的注意力和目光。

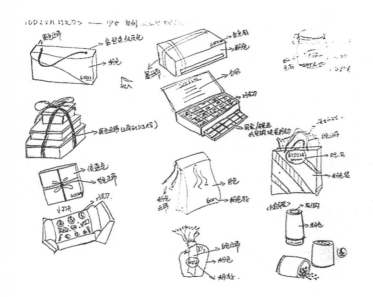

术包装下过定义："艺术包装是为将艺术成功地推向公众而进行的有谋略、有步骤的整体审美形象的创造和实现过程"。随着时代的发展，包装过程中文化和精神的内涵越来越受到人们的重视，是未来发展的趋势。

包装设计的艺术性主要体现在包装装潢上，它使商品具备更为良好的形象，在包装造型上应力求和商品的风格保持一致，运用色彩的情感心理打动消费者，采用简明而具有说服力的文字设计，使商品与包装设计和谐统一，并力求在视觉上造成冲击力，激发顾客的购买欲望推动购买行为，如图2-4所示。

◪ 图2-2 包装设计构思草图设计 草图可以展示自己的多种构思，从不同角度表现包装的魅力，设计正稿时可以在草稿的基础上不断完善，使创意步步推进，最终达到理想的效果。

1.3 设计操作

在前期工作完成之后，具体的设计、实施方案也就顺理成章了，设计进入设计草图构思阶段。可以利用铅笔、彩铅或马克笔等将初步的草图构思勾勒出来，将文字、插图的大致效果表现出来，还可以用剪贴的方法将摄影图片放到合适的位置替代原图，文字也可以用块面的方法规划出来。把品牌的字体设计、广告用语、文字说明等放入规划好的块面中。包装的文字、图形要清晰明确，避免含糊或刻意追求抽象，应该将商品的信息清晰准确地传达给消费者。接下来设计包装的结构图，以便于包装展开设计的实施。确定包装的形态、整体风格、艺术字体、与产品相适应的色彩等。值得注意的是，有些设计师把电脑当作设计的唯一工具，忽略了草图设计方案，这是不可取的，因为草图设计是设计的重要过程，如图2-2、图2-3所示。

1.4 包装艺术表达

包装的艺术设计一方面可以被当作艺术品来欣赏，另一方面也是实用品，且后者比前者更重要。实用可以被视为包装艺术设计的本质。包装艺术主要指包装品在外观形态、造型、结构、材质、色彩、工艺等方面表现出来的特征，以及包装带给消费者的美好视觉享受。央视主持人李咏作为当红主持被央视从其外形、衣着打扮、节目片头等部分进行包装，他曾经给艺

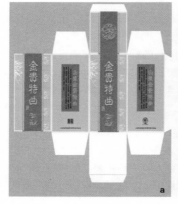

◪ 图2-3 包装设计（设计：曹育萍）设计应该根据产品的内涵来展开，这个系列的设计从色彩到造型均体现了中国的传统特色，表现风格简洁、喜庆。从某种意义上说，包装就是销售力。对于酒类的包装更是如此，设计出一个有力的包装犹如酿出好酒一般具有重要的意义。好的酒类包装设计能有效缩减消费者对产品的筛选时间，提高并彰显产品的档次，给消费者一种信赖的感受，同时加强品牌与消费者的沟通，达到理想的效果。

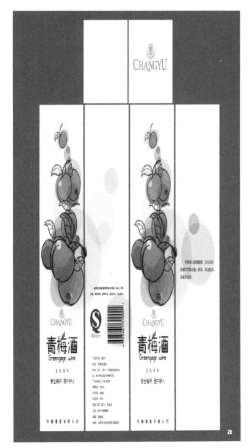

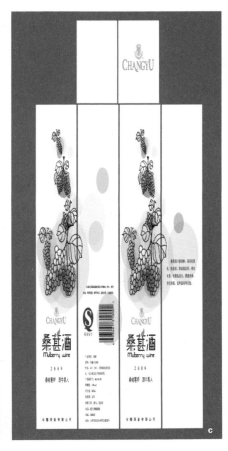

◘ **图2-4 酒类包装设计（设计：龚倩）** 以上包装设计以简单明丽的色彩再现了天然纯正的理念，使其在众多葡萄酒包装中脱颖而出。这几款葡萄酒带有女性清纯的味道，是以女性思维为主的包装，外瓶造型也突出女性的特点，并加入天然图形元素，起到强调的作用。

【设计案例】包装设计

这是一个少女香水的包装设计。整体设计简洁、清新、自然，充满动感以及青春气息，简单却又精美。此包装色调柔和，以淡蓝色为主色调，视觉上给人一种舒适淡雅的感觉，如水般的永恒清盈，周身散发出一种淡淡的清香，融合了水百合、水茉莉和冰薄荷味道，体现少女如水肌柔媚、清朗的气质，令人产生无限暇想。画面主次分明，以一个少女的形象为主题，再配以适当的文字，图形与文字很好地结合在了一起，如图 2-5 所示。

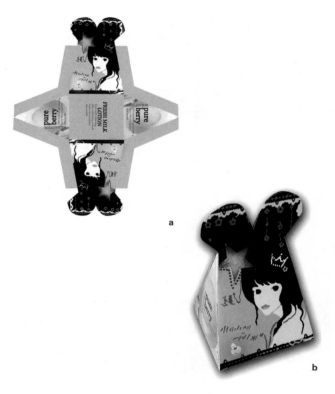

a

b

☉ 图2-5 少女香水包装设计（设计：许鑫）

② 包装设计的创意与策划

创意是设计者在创作中从创作意念到创作表现的一个初期过程。创意是包装设计的灵魂，创意的成败直接决定包装的效果和质量，而包装影响着一个企业的外在形象。所以说，包装设计的创意是商业产品设计中最重要的基础。

包装设计创意需要新颖、奇异、独特，要善于标新立异、独辟蹊径。创意的魅力在于对同样事物不同的看法，从新的角度展示旧的事物，于司空见惯的缝隙中发现新的空间。包装

的创意不能靠凭空想象、闭门造车来完成，创意是以企业的产品定位、营销策略、市场竞争情况、目标消费者的需要为依据的。寻找一个感化消费者的"切入点"，并把这个"切入点"用艺术的手段表现出来，进而达到加强目标消费者对企业的信任度，说服目标消费者并产生购买行为，最终完成促进商品销售的目的，如图 2-6、图 2-7 所示。

包装设计经常采用绘画和摄影的手法，这样可以最大限度地还原展示的内容。绘画和摄影的手法由于其效果直观、真实，容易产生较强的视觉冲击力，使消费者短时间内产生对产品的信任感，从而有效刺激其购买的欲望，绘画和摄影的手法在现代设计中的应用很广，尤其适用于那些本身具有较强视觉效果的商品包装，如图 2-8 所示。

其实，创意设计的内容和形式是任何艺术作品都不可或缺的因素，只有很好地处理两者的关系，形神兼备，才能设计出好的作品。艺术的形式与内容更是应该紧密结合的统一体。包装色剂的策划要根据具体的产品内容。

2.1 系列化

系列化已经成为当今包装设计的一个主流化特征，它是针对企业的全部产品，以商标为中心，在形象、包装造型特点、形体、色调、图案和文字等方面，用一种共性的特征统一设计，形成一种视觉形象上的统一。使之与竞争企业的商品形成区别，形成自身的特色，易于识别。以商品群为单位的系列化包装设计给人的印象深刻而强烈，这种设计的好处在于既有个体包装的变化美，又有统一和谐的整体美。由一种视觉形式反复出现，视觉冲击力强，易于识别和记忆，从而达到促进销售的根本目的，如图 2-9 ～图 2-11 所示。

系列化包装设计的优点是：

2.1.1 富有整体美

系列包装强调整体设计的统一性，展示商品群的整体面貌。系列包装比起单个的产品包装显得有气势、有分量、个性鲜明、厚重而引人注目，系列包装的设计风格更容易被凸显出来，增强了说服力，避免一种商品只有一种包装形态的单调局面。

2.1.2 良好的陈列效果

系列化包装在陈列摆放时更加吸引人们的注意力，更容易在众多的商品中脱颖而出。在货架上，系列化包装大面积地占据展销空间，形成压倒其他商品的势态。系列化包装的整体美、规

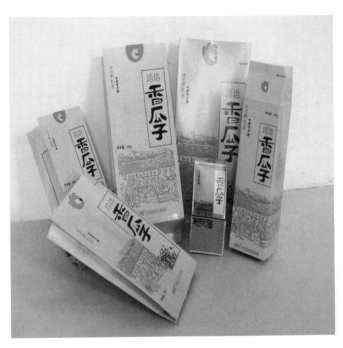

◘ **图2-6 德芙巧克力包装设计（设计：刘娟 王静 李灵茜）** 该作品是关于德芙巧克力的一组包装。该设计以棋盘为元素，增强了包装的趣味性。每个包装设计均运用了丰富的色彩，构图合理，色彩搭配明快，让人尽享品食巧克力般的快乐，有效地吸引了消费者的眼球，易于产品的销售。

◘ **图2-7 洽洽瓜子包装设计（设计：王照春 张斌）** 该作品是关于洽洽瓜子的系列包装，色彩搭配稳重、合理，给人感觉温馨、舒服。色调安排统一，非常符合瓜子这一产品的特性。创意以传统文化为元素，用红色的剪纸风格彰显传统文化的民族风，这是一款属于我们自己的瓜子，吃起来让人感觉非常亲切。

◘ **图2-8 采用绘画形式的包装设计** 这款自然风景将人带入美好的意境，它既是设计又是艺术品，仅是包装就使人爱不释手。

则美形成一种特有的韵律，在这种有规律的变化，容易让消费者将其记住，有利于与其他产品竞争，增强了产品之间的关联性。

2.1.3 有利于视觉传达

系列化包装设计的共性特点，在商品宣传中可以取得事半功倍的效果，各个单体包装形成有机的组合，品牌之间互相影响，互为宣传，增加消费者对品牌的信任度，减少了广告开支。在统一中求变化，在稳定中求活泼，形成格调一致的整体美，变化有序的韵律美。系列包装在市场销售中的起到重要的促销作用，如图2-12、图2-13所示。

2.2 个性化

在现代大工业化生产时代，许多新产品都具有相同的品质、功能和性能，要想留住消费者便要在新包装的个性设计上下足功夫。当今，消费者追求个性化商品和个性化购物的要求日益明显，包装产品设计也呈现出多元化势态。

在众多商品包装中，强调产品的个性化和个人风格，并具有鲜

☐ **图2-12 红酒包装设计（设计：陈倩）** 该红酒包装采用手工制作的形式，用作烛台的镂空花盒由手工刻制，保护花盒的盒托的花纹是自由拼贴而成。打开高贵的红酒，点燃馨香的蜡烛，吃着赠送的巧克力，无不充满着浓浓的浪漫的氛围。

☐ **图2-9 可口可乐包装** 可口可乐的包装创意独特、设计新颖，看到这组包装令人感觉清爽、欢快。它运用现代的表现手法，将创意图形经过精巧的设计，使其具有吸引力和美感。设计采用不同的颜色，向人们传递出这个品牌不断激发人们保持乐观向上的精神，图形整体布局丰满，它让人们所触及的一切更具价值，色彩设计运用丰富，颜色鲜亮、醒目，寓意喝可乐生活会更加精彩。这组可口可乐瓶子的包装设计凸显了创意的图形，充分展现出青春激昂、活力无限的可口理念。

☐ **图2-10 系列包装**   ☐ **图2-11 饮料系列包装**

采用摄影图片对于摄影技术的要求很高，需要专业的商业摄影师完成，因此，设计师大多数情况下可以使用像处理软件对普通图片进行适当创意，以使图片能够完美精彩。用摄影手法可以表现的内容很广泛，最常见的是人物、动物、植物、自然风光以及人文环境。

☐ **图2-13 GODIVA 巧克力包装（设计：郭颖）** 此包装设计是为世界名牌GODIVA 巧克力做的系列包装设计，包括大礼品盒、板状巧克力、巧克力酱、热COCO、袋状巧克力、红酒、纸袋等。此设计主色调采用大量牛皮纸颜色，意在体现 GODIVA 巧克力的纯真、自然、美味、与众不同等品牌特性。而制作方法也全部是手工制作，体现产品的纯正、无添加，让消费者更加放心的食用。黑色的丝带、白色的标签、手绘的字体、纯正的牛皮纸再加上绝佳的设计风格与搭配，这样更加体现出 GODIVA 巧克力的高端与国际气息。

◧ **图2-14 茶的包装设计（设计：林莉）** 茶是来自东方的神奇树叶，给人的感觉一直是纯净飘逸的。因此，设计者选用最为干净的绿白为主色调，点缀以零星的红和黄，搭配上牛皮纸的自然感材质，设计出一套以"一花一叶一世界"为主题的包装。

◧ **图2-15 月饼的包装设计（设计：陈子懿）** 预定该月饼盒的商家为一家南方食品公司，为了体现其地域特点，在盒顶的设计上加入了江南水乡园林中常用的窗棂图样，为了增强视觉冲突，选择黄色及其对比色紫色作为主要色调，在内盒上加上中国水墨画图样的腰带，增加高贵感。此包装犹如月饼一般精美，整个画面的色调给人的感觉很舒适，看上去很有食欲。背景是圆月形状，一朵朵盛开的花也像是月饼的一部分，中间配以品牌名称，此包装像一个首饰盒，视觉上给人无尽的享受。

明的个性的包装可以吸引消费者的注意，以多样化的风格供给不同喜好的使用者，个性包装更容易进入消费者的选择范围。我们要在设计语言上有自己的品位与独到的表达方式，最大限度地满足用户的情感个性需求，将色彩、品牌、文字等进行合理组合，抓住商品的内在精神，突出与众不同的个性，使包装设计产生崭新的视觉感受，给消费者留下深刻的印象，如图2-14所示。

2.3 针对化

包装的针对性很强，尤其是礼品包装。每当节庆时，人们会出席很多访亲、慰问等场合，另外，还有婚礼、寿宴等专用的礼品也都很具个性。由于各类不同礼品的特殊用途，设计风格也会具有很强的针对性。

如中国的传统节日中秋节，其中月饼礼盒包装就十分有特色，除了选取高档材料作包装外，设计者还应该注意民族文化的元素。使得民族文化在包装的形状、图案、字体、色彩等元素都具有传统的美感，有花好月圆的寓意，色彩也多是喜庆的暖色，为欢度节日的人们带来吉庆的美好心情，如图2-15所示。

◘ **图 2-16 果酒包装** 在果酒系列包装的酒瓶中，装饰花卉的抽象图形创意使人联想开花结果后的甜美果实，画面使用黑、红两种颜色与淡黄色互相映衬，装饰绘画风格的花卉在色彩艳丽的瓶体上美丽炫目地绽放，大自然的美丽得以升华。

◘ **图 2-17 ENZO 葡萄酒包装** 在 ENZO 红葡萄酒包装瓶身和标签上的字体采用大胆而有趣的图形创意的设计，打破了常规的葡萄酒包装模式，富有独特的视觉形象个性。

◘ **图 2-18 包装设计**（设计：陈雨丝、高雅）饮料冲剂选用相应的水果图形来表现，新颖、爽利，奇特的造型，鲜艳的色彩吊足了人们的胃口，使人们立刻就要品尝一下它的口味。

◘ **图 2-19 包装设计**（设计：胡峥艳、候雅晨）清丽的色彩，简洁的系列造型优雅而唯美，女性的味道飘然而至。

当然，礼品包装还要针对不同的人群、职业、性别、年龄等因素，都应考虑其中。例如，为女性所设计的礼品包装要甜美、柔和，为儿童设计的礼品包装要鲜艳活泼，为青年设计的礼品包装要时尚充满朝气等。

2.4 人性化

以人为本，永远是设计的重心，很早以前人类就开始研究人体工程学，尽量使设计符合人的生理和身体尺度、人的审美要求和感觉器官的舒适感觉，更好地满足人的精神需求。包装设计很强调人性化的设计。其包装是否符合产品的要求，是否便于携带和保存，是否愉悦人们的视觉感官等，同时现代设计的人性化还表现在环境的保护意识，天然无害的材料利用，废弃资源的再利用等。如图 2-16～图 2-19 所示。

【设计案例】POP 包装展示盒的制作
以简单的花卉图案做底，以蝴蝶结为配饰，再以俏皮的粉色为主色调，此

a 第一步 选择适合的花纹做底子

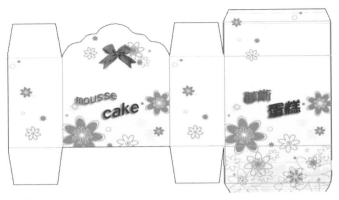

b 第二步 在包装盒的正反面分别添加设计元素

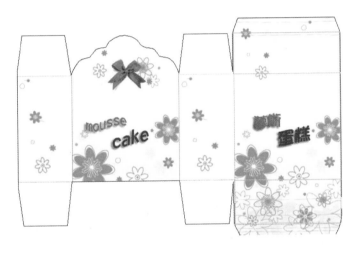

c 第三步 在适当位置放上品牌名称

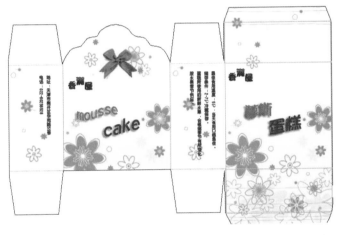

d 第四步 在包装盒的侧面标注厂家地址电话、提示等要素

款设计迎合了年轻消费者的消费心理。整个包装给人以温馨的感觉，使人产生对美味蛋糕的联想，从而勾起消费者的购买欲望（图 2-20）。

总结：食品包装要注意色彩的应用，一般用鲜丽的颜色去制造美味的效果。（设计：霍蕊）

---

③ 包装设计的发展趋势

现代包装设计在经历了工业化大发展，且信息化迅猛发展瞬即变化的今天，无论是设计观念上，还是功能上均有了新的内涵，设计法则也因方方面面的影响而逐步形成了新的发展趋势。

3.1 绿色包装

绿色包装是追求对生态环境的保护和对人类健康无害，尽可能利用和再生的包装。现在，绿色包装是一个发展趋势，它是一

e POP 包装展示盒制作完成图

■ **图 2-20 POP 包装盒制作步骤图**

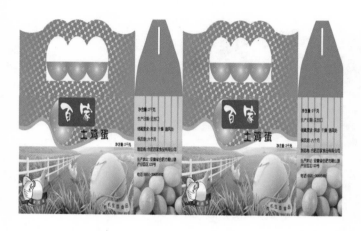

◙ **图2-21百家土鸡蛋包装设计 （设计：尤路星）** 如图所示，包装设计的理念和材质都是很好的环保宣传，绿色食品、绿色包装支撑着我们的绿色生活。

个庞大的系统工程，它涉及包装容器的选用、包装材料的利用、包装设计的导向、生产工艺制约以及再生技术等诸多因素。绿色包装是包装学科的未来发展方向，也是全世界包装行业为之努力的方向。今天，我们随处可见的塑料垃圾已经对生态环境和身体健康带来巨大损伤，我们必须严肃对待这个不可回避的问题，思考新的发展道路。保证环境不被污染比盲目推动包装行业的发展更为重要。因为有些损失是无法弥补的，所以，着眼于人与自然的生态平衡关系，减少对生态环境的破坏才是长远之策。在我们设计之初就必须提高环保意识，这是每个设计师不可推卸的责任。

绿色包装应从几个方面进行考虑：

(1) 包装在起到保护、方便、销售等基本功能作用的前提下应尽量减少不必要的包装，也就是减少对自然资源的浪费。只有减少包装废弃物，才能有效避免对污染环境，包装设计尽可能使包装符合简约、美观、大方、实用的原则。

(2) 利用易于回收、再生的材料。减少对环境的污染，保证能源的合理利用。

(3) 采用对人体和生物无毒无害的包装材料中，避免包装材料中的有毒性元素对人体造成侵害。

(4) 注重包装与环境保护的平衡关系，使包装成品从最初的原材料采集、加工、制造、到最终包装物废弃处理，都不会对环

境造成损坏和污染，如图2-21、图2-22所示。

3.2　适度包装

适度的"度"是问题的关键，任何事物都有一个限度，包装也是如此。有时候包装设计者对包装的基本理念存在一个认识上的误区，总认为商品的包装设计应该华丽唯美，这样才能提高商品的价值和信任度，因此市场上出现了很多华而不实的包装设计，如小商品大包装，不必要的、多层次的反复包装，为了体现商品的档次，采用烫金等高成本印刷，或只图降低包装成本，采用不易回收的包装材料等。包装设计艺术的体现在于保护功能得当，使用材料适宜，体积容量适量，费用成本合理等，适度包装是针对包装"过度"和"不足"而言的，过于奢华的包装并不是唤起消费者购买欲望的好方法，有时还会因附加值的增加，使消费者不能接受，而过于粗糙的包装又不能起到对产品良好的保护作用。只有适度的包装才能促进商品销售、节约能源，减少不必要的消耗，不会对环境造成污染，从而获得更好的经济效益，如图2-23所示。

3.3　人性化包装

包装不只体现其最基本的功能，更要体现出对人的关怀，设计师必须了解消费者对产品包装的需要，了解消费者的精神心理

◙ **图2-22 食品包装** 古朴的设计风格，亲切而自然地传达了包装的理念，绿色包装是健康生活的点缀。

a

b

◙ 图2-24 易拉罐小包装的平面图（设计：张玉坤）

◙ 图2-23 味好美食品包装（设计：车洁、顾悦华、郭云琴）这是一组学生作业，体现了食品糖果的甜美感，同时包装朴素简洁，风格恰到好处，随意而休闲的食品形象和包装设计很搭调。

期望，设计出更加人性化的产品包装。例如，儿童产品的包装设计，首先保护儿童安全是包装设计的首要任务，包装的形状、材料、大小等都是应该考虑的范围。儿童包装要避免带棱角，避免体积过大、过重，还要方便儿童使用。其次包装的图形、色彩要充满趣味性和诱惑力，在设计过程中，设计师将知识性、趣味性、装饰性有机地融合在一起，尽量使孩子在用中玩，玩中学到知识，体会乐趣、增长知识、陶冶情操。以此类推，老人使用产品包装也是如此，要根据老人的特点进行设计。

产品包装要保护消费者的人身安全，要注明有关产品的搬运、贮藏、开启、使用、维护等的安全事项等。

包装要携带方便、灵巧、舒适，小型而得体的包装越来越受到追捧，消费者可以将小包装放进背包、衣袋里，随时使用，这也是包装行业发展趋势。

产品包装要迎合消费者的文化消费需要，有风格的包装才有生命力，随着人们审美水平和文化修养的提高，消费者在购买商品时，更注重文化品位，包装的文化元素是人性化设计不可缺少的内容（图2-24）。

【设计案例】人性化的儿童食品系列包装

设计说明： 该系列包装是儿童食品系列包装，儿童食品给人一种甜蜜、活力的感觉，所以在色彩上选用了鲜艳、亮丽的颜色；其次，该系列包装在色彩基调统一的同时，包装的元素和造型也都由儿童时期的积木玩具的原理改变而成，充分体现了现在崇尚节约、环保、再利用的理念。

饼干类： 根据饼干的形状，结合积木的原理，设计出拼插式包装，色彩上采用鲜艳的颜色，起到吸引儿童注意力的作用。该包装的优点在于当食品食用完毕，包装可以保留下来，像积木一样拼插，在享受零食的同时还可以锻炼儿童的动手、动脑能力（图 2-25~ 图 2-29）。

糖果类： 糖果本身色彩鲜艳，因此该产品包装色彩炫丽，每个小包装可以单独使用，在积累到一定数量时，可以将小包装互相拼插、任意组合，以此来增强儿童的动手能力（图 2-30）。

点心盒： 该包装可以盛放各种食品，将它设计成上下两种色彩，使之与其他几组包装形成系列感觉（图 2-31）。

儿童食品系列包装，以拼插式包装、正方形包装、三角形包装、点心盒和整体大包装五种形式构成，从包装的色彩、形式上整体给人鲜艳、活泼的感觉（图 2-32，图 2-33）。

总结： 在产品包装设计的过程中，需要结合产品的特性，以更加新颖、实用的方式对其进行设计。让产品包装在基本的保护产品、有利于运输的前提下，增加一些实用、装饰的作用，良好的包装往往能刺激购买欲望，直接促进产品销售。（设计：汪晓庆、辛静）

当我们着手包装设计之初，要在产品调研、产品分析、选用合适的包装材料、设计的外形和插图、表现手段和工艺制作等方面，进行全面的权衡考虑，力争定位准确，提升产品的档次，增加产品的附加价值，体现实

◘ **图 2-25 拼插式包装**

◘ **图 2-26 拼插式包装组合**

◘ **图 2-27 拼插式系列包装**

◘ **图 2-28 拼插式系列包装实图**

a

b

◘ **图 2-29 正方形包装组合**

a

b

◘ 图2-30 三角形包装组合

◘ 图2-31 点心盒包装

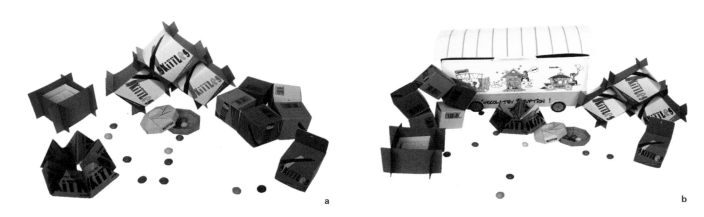

a

b

◘ 图2-32 儿童食品系列包装

用的艺术价值。

本章小结：

本章主要向读者介绍了包装设计的程序，从包装设计的流程、包装设计的创意与策划和包装设计的发展趋势等几个方面，向读者细致地分析了包装设计的流程和包装行业的现状及未来的发展，使读者更深一步地了解了包装设计流程。

本章思考题：

1. 为什么包装要按程序进行？
2. 现代包装的发展趋势是什么？
3. 举例说明人性化包装的重要性？

作业布置：

选择一到两个品牌包装进行调研分析，指出你认为它的成功和不足之处有哪些。

◨ **图 2-33 果脯三角形包装盒（设计：窦唐艳 ）** 这是一款果园老农的果脯三角形包装盒，三角形的包装打破了传统的包装形状，包装的颜色根据水果的颜色而定。三个不同颜色不同果脯的果脯的盒子，组合在一起形成了一个梯形。盒身引入了"|"条纹今年流行的元素。 背面的圆形镂空设计让消费者一目了然地看到盒子里诱人的果肉，引起消费者的购买欲望。

第三章 包装中的平面视觉设计

包装中的平面视觉设计涉及平面造型设计、色彩设计和立体设计这三大构成的关键问题。包装中有平面视觉设计的点线面对比和搭配处理,关系着单个面或者多个面的组合适宜美观;包装设计方面的色彩搭配能够给人最直观的感受,也直接关系人们对其包装的认可度;在立体方面,包装设计在得到成品之后,拥有被人赏识和认可的造型,还应符合一定的科学规律,才是真正好的包装设计。虽然是多种原理共同作用形成的一个比较综合的设计方式,但必须有能够灵活使用各个构成原理并使之完美融合,使不同原理的设计片段,能够变成搭配自然、合理、美观的整体,这才是包装设计在视觉方面的主旨。

1 包装的字体与图形设计

文字与图形长久以来都是平面和立体等常见设计方式的基本元素,这些看似简单和单纯的元素,若想将它们相互、有机的结合,一直以来都是设计方面一个难以逾越的鸿沟。然而,很多人却忘记了最自然地结合才是最符合审美标准的图文结合。运用到包装设计上,更要符合包装不同于平面的特性,既要有平面方面的美感,亦要有包装设计方面的立体和实用美感,如图3-1所示。

为了呈现庞贝琴酒悠久的传统及蓝钻的历史,House of Hackney的两位创始人连手运用该品牌的经典的皇室图样,印制在深蓝色的绒布之上,各式具有异国风情的动物和小物件都令人联想到组成庞贝琴酒的元素。

孔雀象征了庞贝琴酒奢华、荣耀、充满诱惑力的品牌精神,爪哇鹿和西班牙吉他分别代表了庞贝琴酒中的爪哇莓果和西班牙果仁的特殊风味,非洲鹦鹉和青蛙则象征了非洲生产的谷物。

1.1 字体设计

文字在人类历史的发展中起着重要的作用,不同的文字对于不同的文化也有其相应的象征寓意。而一个商品的包装,就是要体现其商品或者企业想要传达给大众的自身理念或含义。在包装中,文字有时能够超越图形的存在,让人们得到多于图形所能表达的产品信息或品牌信息,因而在包装中,文字甚至起到至关重要的作用。例如,商品品牌、名称、生产日期、厂址等,都需要用文字才能将其含义准确地表达出来。

包装上的字体主要由主体文字和说明性文字组成,还有一些对产品有描述性的文字,均需用准确的文字进行表述。

1.1.1 主体文字

这一类文字主要是商品标志或品牌名称,一般经过专门设计,比较符合其企业理念和文化,或者是行业特征,还要体现出产品的内容属性,是食物、日用品还是数码产品等,如图3-2所示。

◻ **图3-1 庞贝琴酒奢华包装**

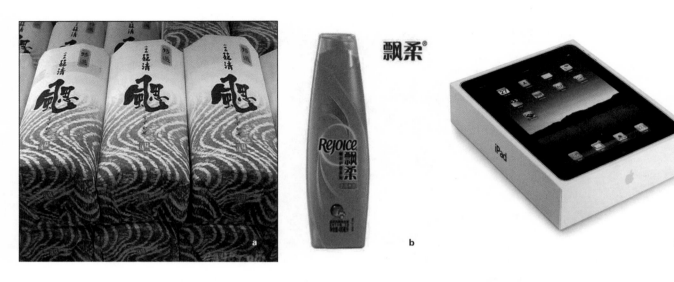

❏ **图3-2 食品、日用品和数码产品包装** 图 a 是日本挂面的产品包装，主体文字仅以一个字为主，整个包装具有很强的视觉冲击力；b 是宝洁旗下的飘柔洗发水包装，主体的"飘柔"两个字呼应其柔顺的卖点，展示出柔顺的感觉；c 是苹果 Ipad 的包装，主体文字就是很简单的"Ipad"，体现出很强的前卫科技感。

因此，在包装中一个好的字体设计要有识别性、象征性、独特性和易记性。例如食品包装一般比较注重视觉冲击力、让人们产生食欲；数码产品则一般注重科技感，以简洁明快的设计方式给人一种规范、严谨的感觉；而化妆品一般意在吸引女性，设计感偏于柔美典雅，激励体现女性的肌肤或者身体之美等。

1.1.2 说明性文字

人们在购买商品的同时会比较注重产品信息。尤其是食品，其配料、生产日期、保质期、检疫证明、编号和产地厂址信息等，有时这些内容甚至还比品牌和产品名称还重要得多；对于数码产品和家电类的东西，人们也更多关注其用电情况、保修政策等信息。所以，在设计包装的同时不能忘记说明性文字所处的重要地位。因为这些是比较专业和客观的信息，故说明性文字的编排一般会很有序、易于阅读，并按照国家的相关标准，客观地进行书写和排版，如图 3-3 所示。

其次，由于说明性文字相对于包装上那些宣传商品目的的主体文字，是地位偏低的文字内容，所以要在统一主体文字和说明性文字的风格之外，处理好主次之间的关系，不能将说明性文字的地位超越主体文字的主导位置。这样，在很好表达商品的同时，也能很清楚地说明商品内容，使主次有机地结合在一起。

另外，说明性文字还会有商品广告词信息，这一类说明性文字

❏ **图3-3 乐事薯片包装** 乐事薯片的包装背面的说明性文字仍然有 LOGO 的搭配，基本的配料、保质期、生产日期、厂址信息等说明文字都很完整，还有一些不规则排列的文字，使枯燥的说明文字有了很大的趣味性和诱人的吸引力。

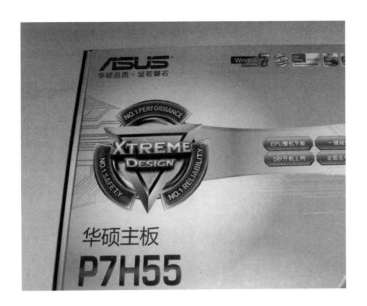

图 3-4 华硕主板包装上的"华硕品质，坚若磐石"标语 华硕产品都会使用其标识与口号的搭配使用，但是人们不一定都能清晰地记得华硕英文的 LOGO 的拼法，但是大家都知道"华硕品质，坚若磐石"的口号，这句口号使企业形象得到很好的巩固和发展，深入人心。

意在宣传，一般衬托在主体文字周边或是包装正面的搭配文字。所以，这类说明性文字的识别性要略高于上面的商品信息的文字，但也要低于主体文字的识别性，达到一种说明宣传和衬托的有机结合的效果。

1.1.3 描述性文字

这类的文字信息，有一部分是与上面说到的说明性文字相重合的文字内容，达到广告宣传的目的。还有一部分描述性文字是对商品进行进一步描述和解释的文字信息，这些文字一般不是宣传性的广告词 (Slogan)，只是较为单纯的解释性文字，有时也是企业为宣传品牌所用的一些提高自身档次或是增加品牌亲和力的文字信息，如图 3-4 所示。

有很多商品把自己品牌的口号加入到包装正面，一方面可以衬托主体文字的主要内容，另一方面还可以增强企业对于商品的推广措施，将企业理念逐步深入消费者的心中，同时也达到了广告的效果。

1.2 图形设计

图形是用图像形式进行视觉信息传播，在包装设计中占据着重

要的位置。图形是跨越民族、国家和种族之间障碍的通用语言，因此，图形不仅要有最基本的语义和内涵，还必须注意其形式美。现在，我们可以结合摄影、绘画和计算机制作等方式，使图形更具可读性、识别性和易读性。在包装中，图形与文字和色彩之间的具有独特的关系。

1.2.1 图形的语义

图形有完整的语义表达能力，这是其本质特性。美国的图形设计大师赫伯·卢巴宁说过："图形设计师的天职是利用图像投射信息。"因此，能够完整表达含义的图形，才可以说拥有一定的语义，其中的内容才能叫人们有所了解和发掘。正如上古时期的甲骨文，或者是其他民族和部落的文字或图形，最初都用简单的图形表达意思，其中的含义也多与记录生活、神圣崇拜有关，如图 3-5 所示。

随着时代的发展，文字的简化与和广泛使用已经不能简单地表达丰富的意思了，而图形的职能却一直得以保留。因此，在现代社会的包装中，对于图形语义的直观表达有着更加重要和复杂的意义。

(1) 面对不同的受众

逢年过节，我们可以看到很多送礼佳品的广告。由五粮液集团出品的功能型白酒"黄金酒"的广告，相比已经深入到千家万户，大家也都知道"送长辈，黄金酒"的广告口号。在黄金酒的包装上，采用蓝底色，一个金灿灿的元宝位居其中，并写有"黄金酒"三个稳重的大字，还有其通体金黄、充满贵族气息的酒瓶，如图 3-6 所示。

酒类包装中金色和元宝在中国的传统中都是招财和吉祥的意思，寓意将财气、吉祥附送长辈，一方面顺应了中国人，尤其

图 3-5 古埃及象形文字

图3-6 酒类包装 图a是黄金酒包装，以其金黄的颜色，体现财富的感觉，瓶身线条硬朗，象征给长辈带来好身体；b是衡水老白干包装，主要针对中年人的男人气魄，加入中国书法艺术，给以包装文化气息；c是雪花啤酒的易拉罐包装，运用充满活力的绿色作为主色，活泼的字体象征青年人的活力和动感。

是老年人渴求发财的理念；另一方面，宣传自家的酒能够给长辈带来健康，说明此产品寓有福气。

所以说，在包装上面对不同受众要采用不同的图形设计，这是商品在市场中能否得到认可和具备销量的关键因素，要符合受众人群的性格标签，还要顺应受众的发展方向，才有可能被人们所接受。

(2) 面对不同的环境

环境对人们的生活起着重要的作用，咖啡给人休闲的感觉，所以其环境是一种动中存静的感觉，如雀巢咖啡；茶给人静谧、安逸的中庸之感，体现了东方人含蓄、修心的特点；啤酒给人凉爽、激情的感觉，因此多出现在酒吧、迪厅或者饭局中，给人动感，甚至疯狂的感觉。因此，商品面向的环境不同，包装的风格也应该随之变化，要顺应环境特性给予其适合的感觉设计，如图3-7所示。

(3) 面对不同的时代

说的大一点儿，宇宙的发展从古至今，有旧世纪英伦的哥特时代，有中华民族的盛唐时代，也有时尚的现代。这么多数不清的时代与特征，根据不同人群的文化思想底蕴，针对其生活

图3-7 学生作品：福建花茶包装（设计：倪月兰） 包装作品采用别致的造型，用红色花朵剪纸的图形和白色花朵水印装饰包装，风格给人古色古香的感觉，体现了茶韵的柔美和东方的含蓄之美。

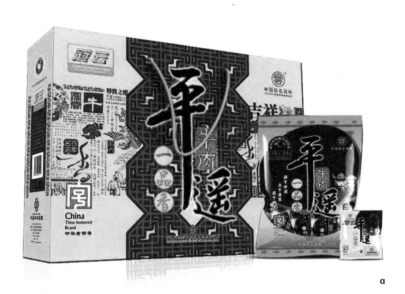

a   b

■ **图3-8 牛肉礼盒包装、芝麻酱包装** 图 (a) 是冠云牌平遥牛肉礼盒包装，采用亮黄色衬托棕红色的窗格图形以修饰包装，并在周围黄色中加入表明平遥牛肉历史悠久的漫画和文字，显得古色古香；(b) 是六必居芝麻酱包装瓶，其 LOGO 的使用是以牌匾的风格展现的，让人感觉这是历史悠久和正宗的老字号。

■ **图3-9 外国食品包装** 此外国食品包装在包装中加入产品实物图，巧妙地把图片形态制成漫画小孩的头发，不仅可以表明产品内容，同时增加了趣味性。

过和感兴趣的时代，在包装中加以应用，才能将地域化和民族化的特性加入其中，想必这才是一种比较顺应潮流的方式。

一般这种设计都用于文化底蕴比较悠长的企业或商品，如图3-8所示：包装上多以北方窗格和牌匾为元素，很好的传达了其文化底蕴的重要性。

1.2.2 图形创作手法

图形的设计有不同风格和特点，图形在包装中的职能是美化、传播信息和交流等，所以在设计包装用的图形时就要关注这些问题。很多知名品牌在包装上的图形设计都能给人不同的感觉，更可以感觉到不同企业和行业之间不同氛围。

以下列出几种在包装中的图形创作手法。

(1) 包装透明和实物图形

这一类主要以食品或保鲜时间较短的食品及电器为主，一般将包装的部分或者全部制成透明的，使商品或食品让消费者一目了然，或者在包装中加入实物图片，增加商品的质感，得到更高的可信度，如图3-9所示。

(2) 象征图形与主色

象征图形与主色是在多种商品中都有所表现并很受欢迎的一种

○ **图3-10 小米手机包装** 整体包装采用牛皮纸质的原色，用明亮的企业主色橙黄色将其标识突出，虽然不同于其他数码科技产品所用的黑色和蓝色，但却很好地突出了小米手机品牌的特异性，表现其新生和旺盛的生命力。

包装设计方式，例如一些香水、数码产品、食品和文体用品等。一方面可以提高同一品牌产品设计的统一程度，另一方面还可以辅助企业形象的构建。这种手法一般用具象或者抽象的手法和色彩进行联想，使商品、行业或者企业的表现和内容达到一致，如图3-10所示。

(3) 文字式图形

以文字来代替图形的设计方式给人一种概念性和专业性的感觉，例如联想 Lenovo、可口可乐和心相印等，如图3-11所示。这种方式可以强调商品品牌名称、企业的历史渊源和文化底蕴，以及商品功能。

(4) 唯美型图形

这种图形主要是烘托商品或者企业的唯美、细腻和诗情画意的气息，用抽象、装饰的形态和颜色，极度地表现商品的高贵、精妙与典雅的感觉。这种包装主要运用于葡萄酒、化妆品、咖啡

和中国传统月饼礼盒，如图3-12所示。这一类的包装图形设计方式在日本运用较多，多以细腻的包装设计吸引消费者。

(5) 扩张式图形

这种图形比较类似于吉祥物和象征物。例如，在美术绘画工具中就有"达·芬奇"牌，其形象就是达·芬奇的自画像，以这种绘画的文化底蕴来烘托一个品牌的形象，如图3-13所示。这一类图形是为了更好地发展品牌知名度和商品知名度，专门设计或者采用已有的一些比较高于产品理念的目标性人物或者形象。

1.2.3 图形的目的

从古至今，图形在生活中有着重要的地位，就像原始时期的象形文字、绘画，到现在的包装、装饰等，都在广泛使用着。在

a 心相印纸巾包装

b 花花公子皮带包装

○ **图3-11** 图 a 是心相印的纸巾包装，一直以来，心相印采取的包装花色都是变化无常的，这无法为心相印企业形象达到宣传的作用，但是人人都认识其"心相印"的标识，一直沿用多年的标识成了人们心中的评判纸巾好坏的标准；图 b 是花花公子 (Playboy) 皮带的包装，无论品牌出什么产品，只要在包装和产品上加上这只兔子形象的标识，无论有没有品牌名称，人们一看便知这就是花花公子。

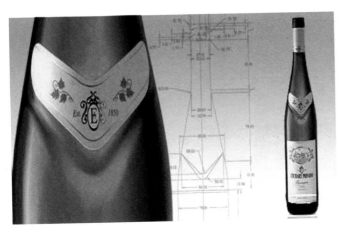

○ **图3-12 外国葡萄酒瓶包装** 这款葡萄酒瓶略微采用了一点"性"诉求的方式，将瓶身的腰线设计成美女礼服的腰带，在瓶身造型上也加入形体的呼应。在这个类似于腰线的标签上描绘着品牌唯美的标识和花纹，可以表现出其柔美典雅的感觉。

○ **图3-13 达·芬奇画材商标** 达·芬奇画材是直接采用达·芬奇自画像线描稿作为其标识，并多用于画材外包装的显眼位置，达到了很好的宣传作用。

当今世界中，图形的作用范围更广，表达的内容也更加广泛。在包装中，图形不仅起着装饰作用，在一些方面还能提高企业的知名度、亲和度，可以提高商品的可信度，并能广泛传播企业和商品的理念与想法。而图形的设计应该是简洁易懂的，避免过分花哨的展示，也要有机地搭配文字的使用，让图形与文字在包装中更加完美地配合，还要让包装更加具有文化、生活和商业气息。

1.3 图文的搭配融合

了解文字与图片各自的特质，明白这两者都是用来完善包装的，所以这两者之间的有机结合，显得十分重要。如何处理好图文的关系问题，是包装中比较重要的一个方面，这关系被包装的商品是否能够进入消费者的视野，能否被消费者所接受，甚至是导致消费者购买的直接原因。所以说，包装上元素间编排得自然、舒服和有创意，是影响商品销量和企业形象的直接原因。

1.3.1 图文间组合

在日常生活中我们不难发现，不同商品包装所侧重的元素是不同的，这些区别主要体现在不同的行业上，如数码科技产品的包装会主要以其文字性的标识为主，如图3-14a 联想笔记本电脑包装所示；再有，一些零件性的科技产品会以零件的新工艺、新功能和新突破的广告词为主体，也有一些是以图文并茂的形式来体现；而一些在行业中占份额比较大，历史悠久的老品牌，会以其品牌专门设计的形象包装所突出的主体，如图3-14b 所示；也有一些品牌会

以图文相结合的方式表现在包装上，如图3-14c 星巴克咖啡豆包装所示。不论是突出文字、图形还是图文并茂，当然不能忘记次要元素相对于主体之间的差别和融合，图形文字之间不能有相互破形、重叠、覆盖等破坏视觉效果的现象，一定要在兼顾主次的前提下，把文字与图形巧妙地组合、重叠和覆盖，才能使设计的效果更加完整和准确地展现出来。当然也不能忘记在设计的边缘留出出血，有助于印刷和裁切的方便。

1.3.2 元素间层次组合

在包装设计中，各元素之间组合而成的层次感也是非常重要的，这关系包装的统一性和概括性。如同画素描一样，需要突出中间和前面的东西，虚化、弱化空间后面和边缘的东西，使画面整合在视觉中心，而不被周围的东西所抢。包装设计亦是如此，要突出的是商品、品牌或者广告词，不能被一些次要的说明性、描述性的文字抢占主导地位，而商品品牌和广告词等主要地位也是有先后关系的，一些商品主要侧重商品内容，另一些侧重品牌的力度，还有一些是因为深入人心的广告词而将其设计到醒目的位置的，如图3-15 所示。

1.3.3 视觉流程与动势

我们在读书的时候，都会从上往下、从左往右读，这是我们已经形成的习惯，在包装设计中，我们呈现给消费者的并不一定是符合常规的视觉流程，于是在设计中，就要加入能够引导消费者阅读的流程。这种流程不一定是很明显的引导，可以是很

❑ **图3-14 图文组合包装** 图 a 是联想笔记本电脑包装，包装以包装简洁的标识为主，附有包装产品的注意事项，给人舒服的空白感，很有透气性；b 是黑人牙膏包装，包装以其独特的黑白色人像为主体，不仅有视觉冲击力，还能把品牌非常直观地展示在人们面前，使人一目了然；c 是星巴克咖啡豆包装，包装以图文并茂的方式展示，既有星巴克的商标，也有产品名称，以中心贯穿的方式编排，这样的设计方式给人平衡的视觉感。

❑ **图3-15 奥利奥饼干包装** 奥利奥饼干包装的画面上有很多元素，但由于组织得很好，所以能够感觉到这个编排比较舒服，甚至很能挑起人的食欲。蓝色的底色和黑色的饼干是奥利奥向来的特色，品牌标识居于包装正中间，突出品牌的特色，叫人可以直观地得到品牌信息，搭配于品牌标识周围的有关口味等的信息不仅完善了产品信息，还加强了标识的主导地位；其次是置于右下角的奥利奥饼干实物图，给消费者直观的视觉感受，并加强了品牌以黑色巧克力夹心饼干为主导产品的独到之处；接下来是衬于标识下方的杯装抹茶冰激凌实物图片，更能增加消费者视觉和味觉的感受，全面增加了消费者感官上的刺激；蓝色背景中加入一些飞舞的雪花，突出口感的清凉，也是设计编排中的一大点睛之笔。

自然的引领，也可以是一种自然成型的阅读流程。这就要在设计时分清主次和先后，在读图、读字的时候，从一个起点引领视觉到高潮、转折，以及一个好的结束。这之中是一种有起有伏的过程，才能使这种动势在视觉中感觉自然，并能吸引人。

关系视觉流程动势的，不仅有大小关系的变换，还可以是远近的空间变换、明暗的明度变换和灰度不同的纯度变换。在人的视觉中，中心的物体要比四周的重要，具象的物体要比抽象的物体重要，位居视觉前方的物体比后方的物体重要，明度或纯度反差相对明显的物体重要。所以，抓住这些方面的问题，以自然的动势引导视觉浏览信息，才能使信息得到很好的传播，这才是一个好的设计。

【设计案例】里米纯米净白亮肤水包装

说明：设计突出了女人典雅之美的风格，图形以蝴蝶为主，意在突出女人的柔美风度，以此特点突出其产品在效果上的优势和特点，如图3-16所示。

包装盒主要以图文搭配的方式进行设计，正面写有象征女人柔美的花体英文品名，文字下面是衬托蝴蝶水印的效果图，给人一种比较含蓄的女性之美。（设计：赵紫涵）

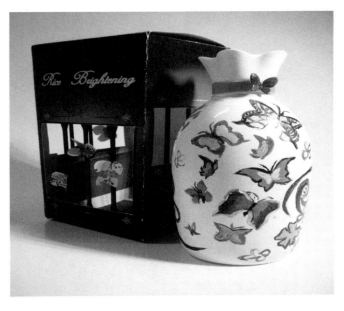

◨ **图3-16 里米纯米净白亮肤水包装**

2 **包装的色彩设计**

包装和绘画一样，可以通过色彩反映一定的语言，因为色彩是带有情感的，不同的颜色可以带给人们不同的感觉，甚至能够影响心情。正因为色彩的这种特点，我们更应该通过正确的运用以提高包装的品质、档次，至少也要引导消费者认同产品和购买产品。

2.1 色彩的功能和特性

色彩的三个要素是明度、纯度和色相，色彩在包装的搭配中，这三点是很重要的。通过它们的组合变换能够表现出色彩的功能和特性。

2.1.1 识别性

色彩的识别在包装中是很重要的一点，因为要在琳琅满目的商品中，只有识别性很高的商品才能被人快速地分辨出来，不仅给人

耳目一新的感觉，还能促进商品销售和品牌形象的建立（图3-17）。

因此，色彩通过明度、纯度和色相上的对比，对于提高识别性是非常关键的，使得这些颜色很容易从许多同类甚至不同类的商品中脱颖而出，提高选择的优先权。所以，很多品牌或者商品都有其特有的标准色，这是这些商品或者品牌的象征，用以提高自己的知名度和销量。

2.1.2 促销性

既然易识别性的色彩这么夺人眼球，故其带来的直接效果就是促进销售。因为识别性高的色彩会给人优先感，以及很好的审美享受，甚至给人很前卫的感觉，这种感觉是所有人都会追随的，追随的人多了，销量自然就会提高。至少会有更多的人认识该商品或品牌，如图3-18所示。

2.1.3 情感性

色彩有其各自的性格，当然也有各自散发出来的情感。长久以来，红色给人热烈、奔放、刺激的感觉；绿色给人生机、安谧、静态的感觉；紫色给人神秘、深邃的感觉，等等。所以说，色彩在日常生活中会给人一种喜怒哀乐的感觉，甚至会导致人心情的骤变。那么，色彩在包装中的运用就一定要慎重。

2.2 色彩在包装设计中的视觉心理

长久以来，社会中不同社会阶层、性别、性格、年龄、职业、种族及教育等不同的人，对于色彩的表达和认识也是不尽相同的。色彩能够带给人不同的情感体会，但不同人群中会有不同的感受。这些感受一方面源于色彩本身，另一方面源于个人积淀。

2.2.1 冷暖

冷暖的差别感觉是比较直观的，暖色的热情，冷色的冷静。而黑灰白依然可以带来这种感受，白色给人寒冷的感觉，深灰和黑色给人暖和的感觉。在这些颜色的特性中，不同的包装运用不同的颜色是很重要的。

2.2.2 轻重

色彩搭配具有一定的轻重感，这点主要表现在明度方面。白色、粉色等浅色给人轻盈的快感，深蓝和黑色等则给人沉重的感受。这就要注意在设计画面中深浅的权衡。当然，在灰暗的颜色中，明亮的颜色也会给人较重的感觉，如图3-19所示。

2.2.3 动静

这一点是明度和纯度结合给人的感受，一般来说，明亮纯净的颜色

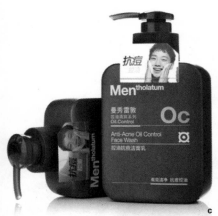

◎ **图 3-17 产品的品牌特征** 图 a 是红色标签的可口可乐，由于显眼的色彩很容易被人识别；b 是 HTC 手机包装盒，白底绿字的标识很容易被识别出来；c 是曼秀雷敦包装盒，在颜色总和较更多的化妆品中，灰底彩字的曼秀雷敦包装很容易被消费者发现。

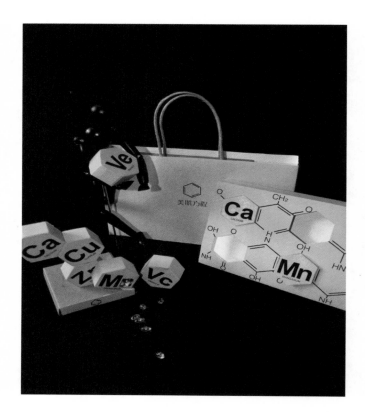

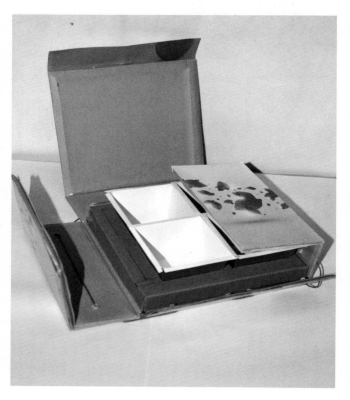

◎ **图 3-18 学生作品：美肌方程美容胶囊包装（设计：饶振亚、张龙、刘晶、母文姣）**
美容用品或化妆品一般都以红色、紫色、粉色等为主，该作品大胆采用黄色，给人很强的视觉冲击力。包装上加入很多六边形的化学式，还有很多放大的关键元素的字号，更加突出其产品的专业性和成熟性。

◎ **图 3-19 学生作品：Rayend 包装盒（设计：张龙）** 该作品采用白色的外包装，青绿色的包装内色，白色的内包装盒和棕色的底座。从外到内是由浅到深的过渡，所以从外到内给人越来越有分量的感觉，底座的棕色最具稳重的感觉。

给人动感，会激起人的兴奋；灰暗的颜色则给人稳定、沉静的感觉，使人感到就像夜晚一般的安静和稳重，甚至会有高贵的感觉。

2.2.4 软硬

这点也是明度和纯度相互作用表现出来的感觉。明亮鲜艳的色彩会有柔软的感觉，就像透明的丝巾一样；灰黑的颜色则向石头一样，叫人感到坚硬和沉重。然而，在黑白对比中，黑色较硬，白色较软；冷暖色的对比中，冷色较硬，暖色则软。而处在中间的中性色最为柔和。

2.2.5 进退

色彩本身还有一个特性是进退色，这里面一般暖色、亮色、纯色的进感强；冷色、暗色、灰色的退感强。在包装中运用这种特性，能够很好地排列出空间感和层次感。

2.3 色彩在商品包装上的运用

包装设计中色彩的运用，对于不同种类、不同行业、不同文化的企业，习惯和应该运用的颜色也是不同的，这些包装的色彩要符合社会各个阶层、年龄、性别、种族等的不同习惯。通常来说，包装色彩一般根据商品属性、消费群体和地域风俗的不同而运用。

2.3.1 按商品属性运用

这方面是为分清行业、商品类型等的不同，而采用色彩差别来对其进行区分的运用。这种色彩运用一般是最直接的，消费者一般是通过这种颜色的明显区分来分别不同行业和类型的商品的。这种方式，既可以很好地区分这些行业和商品，也可以让消费者对其行业和类型有一种情感上的直观感觉，如图3-20、图3-21。

2.3.2 按消费群体运用

消费者一般可以分为儿童、少年、青年、壮年、中年和老年，基本是按照年龄阶层划分的。当然还有一些分类是以不同职业为主。一般，随着年龄的增长，不同年龄阶段的人对于颜色的好恶也是不太一样的，像青少年是比较年轻活力的，包装一般以鲜艳和明亮的颜色为主；老年人追求安享晚年，是一种享福的状态，所以以红色、金色等一些显示富贵吉祥的颜色为主；儿童的话，处于心智发展阶段，对于任何事物都充满好奇感，所以色彩比较斑斓的包装可能会引起他们的注意，如图3-22所示。

其次，性别的差异也是很大的。男性在选择商品的时候就有冷色偏向，因为可能冷色能够显示出男性刚毅的特点；女性则多以明亮、温暖的颜色为主，这点可以体现出女性的母性的心理和温柔的感觉。所以，这些色彩的搭配只有符合不同消费群体的喜好，才算是色彩搭配优秀的包装设计。

2.3.3 按地域风俗运用

我国历史悠久，中华民族对于红色的喜好是毋庸置疑的，如今有了中国红的说法，这也是我们民族很特别的颜色，它表现了

■ **图3-20 产品包装** 图 a 是 Olden 矿泉水，其包装使用蓝色的配色，给人纯净和凉爽之感；b 是三星 Galaxy Tab 平板电脑，一般来说，数码产品多使用黑色，黑色体现稳重的科技感，但是三星这款平板电脑使用了白色，是为了展示其时尚的科技气息；c 是雅诗兰黛的香水，瓶子使用淡淡的粉紫色玻璃，显示出其高贵和典雅。

a   b   c

◧ **图3-21 产品包装**　图 a 是康师傅麻辣牛肉面包装，使用正红色，体现其辣味十足的快感；b 是玉泉 +C 柠檬汽水包装罐，使用柠檬黄色，体现柠檬汽水的酸甜
口味；c 是 Bula 咖啡包装袋，采用深棕色，使得咖啡的醇香能够直观地看到。

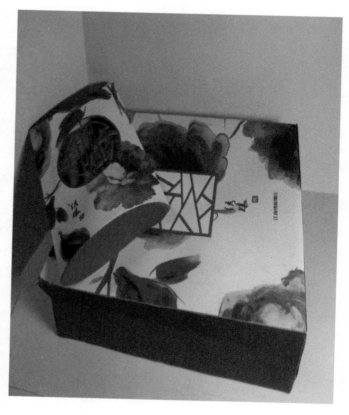

◧ **图3-22 学生作品：宾果士西点包装盒（设计：李白莲、李翀、李慧、李营营）**　该作
品采用很大的蜜蜂形象来给包装盒增加其童趣感，采用了明快活泼的黄色和绿色，在
方正的包装盒上表现得很欢快，能很好地吸引儿童消费者。

◧ **图3-23 学生作品：江南绣娘绸庄（设计：张沁、张华、张经、赵紫涵）**　该作
品采用绸缎印染似的水墨颜色，使用雅致的紫罗兰色，给人一种很有文化底蕴的
感觉，配有古式窗格，增加其古韵之感，整体效果简约柔美，能够很好地表现江
南绸缎的柔软、柔美和名气。

中国人光明正大、坚强刚毅的性格。另外，象征中华民族的颜色还有青花的青色、象征皇权的金色等，如图3-23所示。

由于地域的不同，各个民族好恶的颜色也不尽相同。日本人喜爱红、白、蓝、橙、黄等色，禁忌黑色、黑白相间色、绿色、深灰色。而黑色在中国则是无可厚非的颜色。在马来西亚，人们认为绿色象征宗教，用在商业上也可以，但黄色则是禁忌，因为在

当地其含义是死亡。相反，在苏丹，人们认为黄色是美的标志，妇女特别喜欢自己的皮肤变成黄色。泰国人喜欢红色、黄色，禁忌褐色。所以，在商品包装的颜色设计方面，一定要兼顾不同国家和民族的风俗习惯，要投其所好，才能使产品受到当地人的欢迎。

【设计案例】打火机包装

包装采用纸盒为材料，以黑色为主色，搭配白色色块，体现一种绅士之美，表现出男士的阳刚的风度和沉着冷静的态度，如图3-24所示。

■ **图3-24 学生作品：打火机包装** 该作品取用男式西装的绅士、正式和挺拔之感，为原本奢华的打火机增加了一层神秘感，用西装黑色的沉着体现男人的绅士风度。（设计：于洋）

3 包装设计的组织结构

在包装设计中，恰当的组织、合理的结构直接影响作品的生命力。一个版式明快、色彩跳跃、文字流畅、设计精美的产品包装，会给人一种爱不释手的感觉，即使你对产品及其文字内容并没有什么兴趣，这种外在的形式已将一种概念、一种思想通过形状、材料、版式和色彩传达给观者，所以研究包装设计的组织结构具有不可忽视的意义。下面我们就包装组织结构要注意的问题做一个归纳。

3.1 对比统一的整合

在绘画和艺术创作中，对比和统一一直是设计师和艺术家关注的关键点，这同样适用于包装设计，并且是一种能够从中产生新创意的好办法。

3.1.1 线对比

这一点主要是关注主轮廓线，由简单的曲线和直线构成多样的造型，而不同的线条和不同的线条搭配所表现出来的情感也是不同的。这种线形直接表现了产品的功能性，如图3-25所示。

3.1.2 体对比

体对比指包装形体的各个部分的体积在视觉中感到的分量，这关系包装外观的整体平衡性和美观性，如果不能得到稳定或美观的造型，就会引起消费者的感觉误差，影响商品的销量等。

3.1.3 空间对比

每个造型都需要有一个空间，也需要其他附件来填充、完善这个主体空间的主体性。例如，一些挂饰、盖子、把手和耳等。在设计包装时也要兼顾主体空间和附加空间之间的关系和配合，如图3-26所示。

3.1.4 质感对比

不同质感之间能够很好地产生反差，这种反差感也能产生美感。一些精细和粗糙的质感相互作用可以使精细更加明显。新材料在包装中和传统材料相对也能达到这种效果。

3.2 重复之间的呼应

同种形体的相互叠加，使包装拥有呼应感。单体中的同形体呼

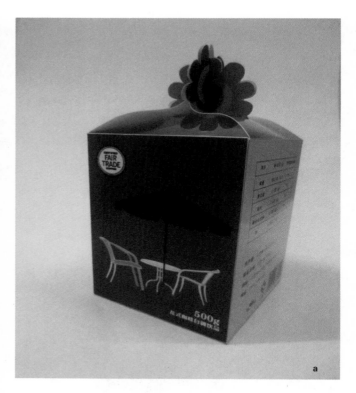

◘ **图3-25 学生作品：中粮有机谷物包装（设计：倪月兰、宋杨伊双、杨鑫）** 该作品的包装很特别，在同一包装中同时拥有长方体和椎体两种形体，形成了垂直线和斜线的对比，使得包装产生直线间的变化。最内部的椎体包装还体现了其谷物均衡营养的膳食金字塔形象，能够很好地呼应品名。

应可以给人稳中求异的感觉，组合包装中使用同形体呼应，可以加强系列感，如图3-27所示。

3.3 整体与局部关系

这一点仍然与艺术创作时所注意的问题相似，不仅要关注局部和细节的拼凑和堆砌，还要时刻关注整体的效果。局部组要关注的是，元素既要丰富和完整，但不能繁琐和多余，不能破坏整体的完整和风格，使局部的处理达到整体的点睛之笔，如图3-28所示。

3.4 韵律和节奏变化

这要关注点、线、面、体、质感、色彩等的组合，得到节奏的变

◘ **图3-26 学生作品：花式咖啡自调饮品（设计：顾悦华）** 包装采用花式封口形式设计，其主体空间就是下方的立方体，上面的花式封口是其附加空间，达到了传统立体形式与不规则形式的对比效果，还呼应了其"花式咖啡"的品名。

◻ **图 3-27 香水瓶造型** 这组香水瓶采用仿自然物的方式体现其自然之美，其中使用卵石叠加而成的造型就是相同形体之间的呼应，而在摆放和形体细节中又加以变化，产生稳重求异的效果。

化，经过设计的搭配，就能够得到韵律的变化。韵律和节奏是一种含蓄的美感，给人舒服和赏心悦目的感觉。

3.5 静动态自然融合

有很多包装设计，都喜欢加入一些因质感或外界因素影响而不同的元素，比如瓶身的飘带，纸盒上的挂式标签，这些元素通过空气流动可以得到飘动的效果，使得本身坚硬、稳重的包装变得有生机，使用动静结合的方式得到更好的效果，如图 3-29 所示。

3.6 比例尺寸的合理

比例的美观也是包装设计中重要的一点，对于不同种类商品的不同比例，设计得合适，不仅可以得到消费者的认可，还能得到很好的行业分类标准。

3.6.1 功能比例

常见的液体包装，如饮料、白酒、食用油等，设计时要注意其口径较小，这样可以减少挥发，降低液体容易洒漏和用量失衡

的缺点。但是，不同液体由于流动性不同，口径大小也会有所变化。而固体就不需要那么小的口径，有很多甚至完全是敞口的，或者是可以完全抛开包装的形式。

3.6.2 审美比例

众所周知，黄金比例是人们公认最舒适的视觉比例，但是如今的包装，甚至所有事物的设计都已经不再依赖这个比例，这就要在人们已经形成的审美比例习惯中找到不同人喜欢的比例，或者是不同类人所能接受的比例。这一点要抓住人们对于美的追求的标准，灵活应用比例变化，做更美的设计。

3.6.3 材料和工艺比例

由于现实的限制，不是所有的设计都可以实现，或者说都可以像商品一样得到量化生产，比如一些设计复杂或者造型奇特的陶瓷质地的包装，一般是很难得到实现的，即使实现了也足以达到奢侈品的等级。所以，在包装设计时要兼顾使用材料的性质，灵活使用材质的性质，不要预约其固有特性而为设计造成不必要的麻烦。

◨ **图3-29 茅台镇酱香型镇酒包装** 这款酒主要是陶制的包装容器，在包装中加入一条黄色的丝巾，陶瓷和丝巾的质感产生了明显的对比。在包装中，陶制的容器部分给人沉静、稳重的感觉，而丝巾给人灵动和飘逸的感觉，二者产生了动静之间的结合。

◨ **图3-28 一得阁墨汁的包装** 一得阁墨汁以一种深厚文化黑底金子的方式对包装进行简单设计，而在金色字的下面衬托水墨画的竹子，一方面可以补足黑色背景的空洞，另一方面可以加强其产品功能，说明其是专为中国传统书画而设计的。

【设计案例】许愿瓶包装

◨ **图3-30 学生作品：许愿瓶包装（设计：张沁）** 这件作品采用了海星和贝壳元素增加了包装的活力，能够给人海洋的神秘感和梦想感，正面的设计采用事物和图片相互呼应的设计，使设计充满生机。

【设计案例】钢琴碟片存储盒

钢琴一直都是音乐和歌曲的象征，是高雅艺术的代言，钢琴的价格昂贵，若有一个钢琴造型的小玩意儿摆在家中是不是很好玩儿呢（图 3-31）？

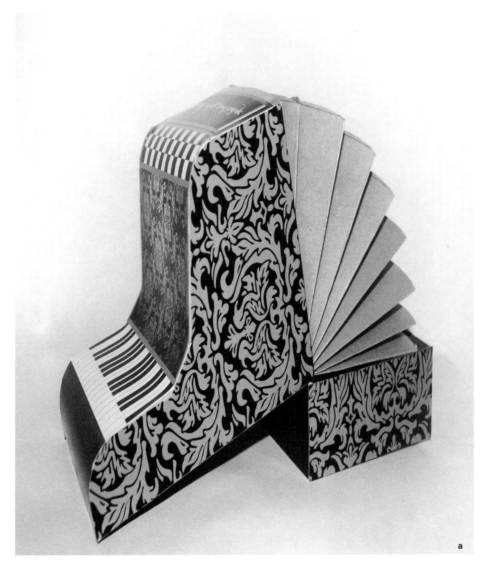
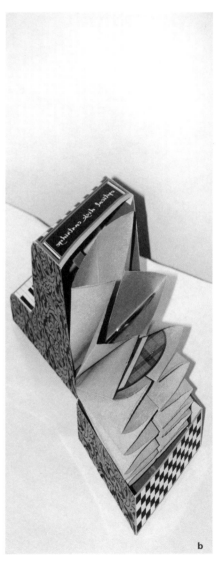

◘ **图 3-31 钢琴碟片存储盒（设计：李翀）** 碟片存放的要求也是比较高的，该作品能够兼顾钢琴的外形和纸质的碟片插槽，得到了既有外形视觉方面的美感，也有很高的实用性。作品的整体形态使用模拟钢琴的简化造型，后部有开口，将开口打开就可以将折叠的碟片插槽打开，碟片可以轻松取用。外形的视觉分析方面，整体采用钢琴的颜色设计，采用青紫色为主色，给人以比较高贵的感觉，展开的碟片插槽使用牛皮纸材质，和外表的颜色与质感形成对比与呼应。然而，由于整体外形的花纹元素很多，造成了很多重复，甚至有些多余，可以适当减少花纹的面积，将整体的颜色改为黑色，碟片插槽的纸质采用白色，能够更加精致地表现钢琴的质感和高贵感。

本章小结：

本章主要介绍包装在平面视觉上的设计要求，包括包装设计过程中的图文编排、色彩的搭配以及包装设计的创意点，使读者在阅读本书的同时对包装设计设计初期的一些理念及设计的创意有更深一层次的了解。

本章思考题：

1. 包装和三大构成之间的相似点有什么？

2. 哪些理论直接关系包装视觉的直接效果？

3. 视觉效果中如何将平面造型、色彩和立体三方面结合起来？

作业布置：

1. 查找独具视觉特点的包装产品或作品，并加以评论。

2. 制作一个或一组包装，要求采用以上讲解的内容，并突出其中一点。

3. 与同学、老师进行作业和制作心得的交流。

第四章 包装材料的选用

学习要点及目标：
了解不同种类的包装材料；
掌握各种不同材料的设计特点；
熟练运用不同的包装材料进行设计。

包装设计是一门在实际生活中应用性极强的设计种类，因此作为设计师，我们不能仅停留在图形的创意和电脑的设计阶段，还应注重材料的特性与应用。出众的包装设计应该是好的创意加好的设计再加上合适的材质，从而产生良好的视觉与触觉效果的产物。在门类众多的包装材质中，纸材质在产品包装中占主导地位，其在包装设计中具有印刷效果好、外观造型好、绿色环保等多方面的优势。了解各种不同材质的特性，对于设计师合理、有效地进行产品包装设计，有举足轻重的影响。

1 包装设计与材料的选择

包装材料的选择是包装设计的重要组成部分，包装材料是对制作各种包装容器及制作产品包装的原料和材料的统称。包装材料主要应用在产品的外包装、中包装及内包装上，种类繁多。随着市场经济的飞速发展，包装材料已经从天然材料延伸到现在比较常见的复合材料。因此，要进行包装设计就必须对包装材料有比较广泛的了解和认识，这样才可以在包装设计时熟练地运用各种材料。

1.1 纸

纸质包装材料是目前包装设计中应用最普遍的一种材料，纸质材料加工方便、成本适中、适合大量生产，并具有可以回收再利用等优点。纸质包装材料大体上可以分为纸、纸板和瓦楞纸三类。这其中纸与纸板的分类是按照纸张相同单位重量来区分的，一般来说我们将200g/m² 以上的纸称之为纸板，200g/m² 以下的称之为纸，如图 4-1、图 4-2 所示。

包装用纸和纸板的分类主要有以下几种：

1.1.1 通用包装纸

包括纸袋纸、牛皮纸、铝箔衬纸、鸡蛋纸、半透明纸、包针纸、条纹牛皮纸、火柴纸、胶卷保护原纸、中性包装纸、薄页包装纸、伸

☐ **图 4-1 纸质服装手提袋包装设计（设计：于纯轩）** 洁净的纸面上绚丽的抽象色块使其更容易在众多的商品中脱颖而出，配以简洁的宣传文字，整体画面简约而又不失服装品牌的时尚感。

☐ **图 4-2 赊店老酒包装设计（设计：刘鹏）** 针对赊店老酒品牌系列的包装设计，设计者选用牛皮纸作为主要的包装材料，然后印上印章风格的品牌文字，搭配传统线描的图形元素，使其能够更好地凸显赊店老酒的历史感。

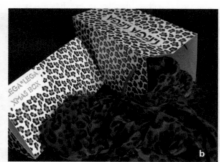
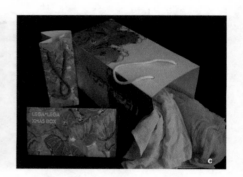

性纸袋纸、普通包装纸、条纹包装纸、香皂包装纸、农用包装纸、皱纹轮胎包装纸、铝器包装纸、浆渣包装纸、包装原纸、维仑布纸复合包装材料、再生牛皮纸、再生水泥袋纸、磷肥袋纸、防水袋纸、再生皱纹封袋纸、包装纸、灰衬纸、牛皮卡纸、蓝色包砂纸、复合皱纹原纸、更空镀铝原纸、机制白皮纸、真空镀铝纸、胶片衬纸。

1.1.2 特殊包装纸

包括工业羊皮纸、工业羊皮原纸、特细羊皮原纸、特细羊皮纸、中性石蜡原纸、中性石蜡纸、玻璃纸、条纹柏油原纸、条纹柏油纸、气相防潮纸、沥青防潮原纸、气相防锈原纸、黑不透光纸、中性塑蜡防潮包装纸、苯甲酸钠防锈纸、夹线柏油纸。

1.1.3 食品包装纸

包括食品羊皮纸、食品羊皮原纸、冰棍包装纸、糖果包装原纸、仿羊皮纸、防油纸、普通食品包装纸、液体食品包装用复合材料、挤塑糖果包装纸、糕点保鲜用除氧剂袋纸、糕点保鲜用隔氧复合包装材料。

1.1.4 包装纸板

包括单面白纸板、黄纸板、厚纸板、箱纸板、中性纸板、牛皮箱纸板、标准纸板、瓦楞原纸、提箱纸板、茶板纸、火柴外盒纸板、火柴内盒纸板、青灰纸板、双面灰纸板。

【设计案例】纸质材料在服装包装设计中的运用

在品牌服装的包装设计中，有许多大品牌运用纸材料做产品的包装，一是纸材料易于实现更多的印刷效果，二是纸材料做包装易于存放，多方面的优势使纸材料在包装中得到更多的运用，下面这套包装是为LEGA LEGA女装品牌做的设计，如图4-3所示。

该系列包装设计主要包括手提袋、鞋盒、服装盒、服装吊牌和小礼品盒。其中一套以豹纹为创作元素，迎合当今的时尚潮流，专为时尚女性量身打造的时尚、独特、性感的包装，视觉冲击力强，彰显独特韵味，更加引人注目，也更易获得时尚女性的青睐。

另一套以色彩炫丽的花朵为创作元素，怒放的花朵彰显生机，艳丽的撞色运用体现出绚烂、明亮、清新、时尚的感觉。整套设计散发清新、雅致、时尚的气息，给人春天般的感觉。色彩炫丽而独特，更加引人注目，更易获得时尚高雅的都市女性的青睐。

1.2 塑料

塑料是以合成的或天然的高分子树脂为主要材料，添加各种助剂后，在一定的温度和压力下具有延展性，冷却后可以固定其形状的一类材料。用于工业生产的有300多种，用作包装材料的主要有聚氯乙烯塑料、聚乙烯塑料、聚丙烯塑料、聚苯乙烯塑料、聚酰胺塑料、聚酯塑料等。

塑料作为包装材料具有良好的防水性、耐油性、防潮性、透明性和绝缘性，塑料材料具有重量轻、成本低、可着色、易生产等特点，可以塑造多种形状，成为仅次于纸类的包装材料，应用十分广泛。

按照包装材料的厚度分类，我们可以将塑料包装材料分为塑料薄膜和塑料包装容器两大类。

1.2.1 塑料薄膜

塑料薄膜一般具有柔软、透明、质量轻、韧性好、无气味、防潮、防水等特点，适合做多种商品的包装材料。由于塑料薄膜种类繁多，因此我们要针对不同的商品选择不同的塑料薄膜。

从产品包装生产的工艺上分，主要有吹塑薄膜、挤塑薄膜、压延

图4-4 咖啡豆包装设计（设计：欧阳婷）
这是一款咖啡的外包装设计，运用对比色将整个包装袋巧妙地分割开来，文字图形的中心式排版，使视觉要素的编排组合显得秩序井然。

图4-5 食品包装设计（设计：王婷婷）干净整洁的外观加上粉嫩的颜色令人看上去充满食欲，该包装仅以文字作为视觉要素，字体编排有序，文字在这里既传达了产品的信息，又起到了装饰美化的作用。

图4-6 国外饮品塑料容器的包装设计（设计：佚名）瓶身与时尚的标签设计非常协调，靓丽的色彩、流畅而富有节奏的曲线，将商品的魅力通过瓶型的巧妙设计完美地表现出来。

薄膜、拉伸薄膜、发泡薄膜等；从化学组成的成分上分，主要有聚氯乙烯薄膜、聚乙烯薄膜、聚苯乙烯薄膜、聚丙烯薄膜、聚酰胺薄膜、聚酯薄膜等；按照塑料包装的包装功能分，主要有防锈薄膜、防滑薄膜、防潮薄膜、保鲜薄膜、透明薄膜、耐高温薄膜、耐冷冻薄膜等，如图4-4、图4-5所示。

1.2.2 塑料容器

塑料容器密度小、质量轻，可以是透明的也可以是不透明的；塑料容器易于成型加工，非常容易大批量生产；塑料容器包装效果好，塑料品种多，易于着色，色泽鲜艳，可以根据需要制作各不同种类的包装容器，取得最佳的包装效果；塑料包装具有非常好的耐腐蚀、耐酸碱、耐油、耐冲击等性能，并具有很好的机械强度。但是塑料包装容器也有其不足之处：比如，塑料在高温环境下容易变形，所以塑料容器的使用温度会受到限制；此外，塑料容器表面硬度低，易于磨损或被划破；还有就是在光氧和热氧作用下，塑料会出现降解、变脆、性能降低等老化现象；最后，塑料容器导电性差，易于产生静电积聚等。

按所用原料的性质分类，塑料容器主要分为聚乙烯、聚丙烯、聚苯乙烯、聚氯乙烯、聚酯、聚碳酸酯等；按塑料容器成型方法分类，主要有吹塑成型、挤出成型、注射成型、拉伸成型、滚塑成型、真空成型等；按塑料容器的造型和用途分类，主要有塑料箱、塑料桶、塑料瓶、塑料袋、塑料软管等，如图4-6、图4-7所示。

1.3 自然包装材料

自然材料是指植物的叶子、茎、秸秆、皮、纤维以及一些动物的

图4-7 国外化妆品塑料容器的包装设计（设计：Patricia DoCampo）不同大小、不同形状的容器在设计师的巧妙设计下有序地融入到整个系列的包装设计中，整个系列的包装中没有一个图形，只是利用不同大小和粗细文字，以及排版的疏密进行设计，使整个系列的包装看起来依然很上档次，提高了消费者的购买欲望。

皮毛等，经过加工的或直接使用的材料。例如，各种贝壳、竹子、木、柳枝、麻织物以及草编等，常被用于土特产品的包装中，具

◙ **图4-8 金潭玉液木质酒的包装盒设计（设计：崔翠）** 随着经济的发展，烟酒等礼品的包装设计越来越趋向高档化，金潭玉液酒的包装盒选用木材进行设计，通过在木头上雕刻，不仅实现了文字的立体化，而且丰富了包装的层次感，使其更富变化。

◙ **图4-9 国外高档酒的包装设计（设计：俄罗斯 StudioIN）** 简单的几块木板围挡出一个方木盒子，木材上寥寥几笔画出的图形与瓶身上的主题图形相互呼应，木头上做旧感觉更是增加了商品的历史岁月感。

有独特的乡土气息和魅力。自然材料可以大致分为木材、竹子、藤类以及草类等包装材料和纤维织物包装材料两类。

1.3.1 木材

木材是常用的原始包装材料之一，木质包装材料包括天然木材（俗称木材）和人造板材两类。天然木材主要有各种松木、杉木、杨木、桦木、榆木等；人造板材主要包括胶合板、木丝板、刨花板、纤维板等。

木制包装材料主要用于制造各类包装容器，例如木箱、木桶（筒）、木盒、纤维板箱、胶合板箱等；也可制造托盘及较重的设备底座等。我们既可以将其作为销售包装或礼品包装，也可以作为大型的运输包装。

木制包装材料在包装领域内占有很重要的地位，它之所以如此重要，是因为它有许多突出的优点：①机械强度好。抗拉、抗压、抗弯强度均较好，设计时可以根据不同的包装物品选择不同的木材，以满足不同的包装需求。②加工性能好。进行木质包装时，不需要有复杂的设备和技术，用简单的工具就能制作，而且可以根据需要改变包装的尺寸和大小。③有良好的冲击韧性和缓冲性能。这一特性对重型或精密物品尤为重要。④耐腐蚀、不生锈，适用范围广。几乎一切物品均可以用木质品进行包装。⑤原料来源十分广泛。世界各地都有树木，因此原材料数量可观，便于就地取材。⑥可回收重复利用。木质包装

可多次重复使用，或将其改作他用，这样可以降低生产成本，而且也不会对环境造成污染。⑦用人造板材制作的包装容器，外表比较美观，并具有耐久性和一定的防潮、防湿性，如图 4-8、图 4-9 所示。

1.3.2 竹子

自古以来我国使用竹子的历史非常悠久，竹子的覆盖面积达到了 700 万公顷，是世界上第一竹资源大国。我们经常被用作包装材料的竹子有上百种：水竹、方竹、毛竹、慈竹等，有的直接将竹子制作成包装容器使用，也有对竹子进行二次加工的，制成竹板材进行包装容器的制作。竹子的优点有以下几方面：容易种植，再生长速度快，适应环境的能力比较强，成材时间快，用途广泛，产量高，环保效能好，具有良好的物理性能，同时兼具良好的力学性能（图 4-10）。

1.3.3 藤及草类

藤和草类的包装材料使用相当广泛，藤类有柳条、槐条、桑树条等，可以用来编制筐、篮子、篓等。草类的材料有麦秆、玉米秆、高粱秆、稻草、水草、蒲草等，可以用来编制各种包、袋等。自然材料的优点是价格便宜、不会造成环境污染，充满田园气息（图4-11，图 4-12）。

1.3.4 纤维织品

在纤维织品中主要分为布袋和麻袋，布袋的布面比较粗糙，手感

■ **图4-10 水羊羹包装设计** 一些传统的包装只限于特定的季节,例如水羊羹,是一种软的豆豆果冻,被装在一个竹筒里,是炎热夏季的一种美味小吃,其外包装材料使用的就是竹子。

■ **图4-11 美味食品套装包装设计** 这是一套五个"笹团子",团子裹在竹叶里,是日本的特产。这些天然包装材料的有趣之处在于其简单性、功能性和美观性,冈秀行指出,天然物品作为包装天生必然意味着可以保存食物,使之易于携带,就地取材,容易得到。该套装所使用的是竹茎顶端的叶子。每一件只用稻草绑一道即可!

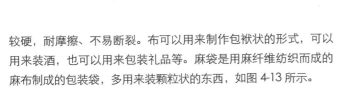

■ **图4-12 竹叶包装的食品** 古市庵生产的午餐套餐,用竹叶包装,捆绳也是竹叶,里面是三种不同口味的饭团。包装自然朴实,充满田园气息。

较硬,耐摩擦、不易断裂。布可以用来制作包袱状的形式,可以用来装酒,也可以用来包装礼品等。麻袋是用麻纤维纺织而成的麻布制成的包装袋,多用来装颗粒状的东西,如图4-13所示。

1.4 玻璃

在人类的历史进程中,玻璃材料曾经起着重要的作用,且将

继续起着重要的作用。由于玻璃包装材料的良好特性,食品工业、化学工业、医药卫生等行业经常将其用作包装材料。平板玻璃也是重要的建筑材料。玻璃材料与容器的生产在国民经济中占有非常重要的地位。

玻璃包装容器是将熔融的玻璃料经吹制、模具成型制成的一种

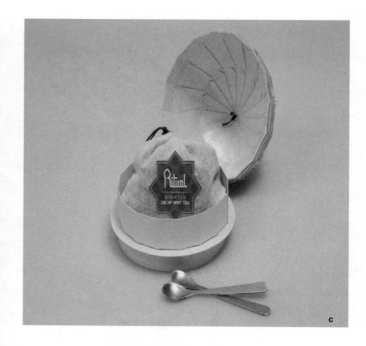

◨ **图 4-13 a~c 摩洛哥 Ritual 茶的包装设计（设计：Ani Bijoyan）** 这款结构超酷的包装是为摩洛哥茶品牌 Ritual 所设计的，设计师强调了用现代的方式品茶的新观念。

透明容器。玻璃包装容器主要用于包装液体、固体药物及液体饮料类商品。

1.4.1 玻璃包装材料的优点

①具有良好的阻隔性，可以阻止氧气等气体对玻璃包装内装物的侵袭，还可以阻止内装物可挥发性成分向大气中挥发，从而很好地保证了商品的质量；②玻璃包装材料可以回收并反复多次使用，从而降低包装成本；③玻璃包装材料可以比较容易地进行颜色以及透明度的改变；④玻璃包装材料安全卫生、有良好的抗腐蚀能力和抗酸蚀能力，适合于酸性物质（如果蔬汁饮料等）的包装；⑤玻璃包装材料适合自动灌装生产线的生产，且国内的玻璃瓶自动灌装技术和生产设备发展已相当成熟，所以使用玻璃瓶包装果蔬汁等饮料在国内具有一定的生产优势。

1.4.2 玻璃容器分类

(1) 按瓶口大小分类

① **小瓶口** 指瓶口内径小于 20mm 的玻璃瓶，多用来包装液体物品。例如，汽水、啤酒、蔬果汁饮料等，如图 4-14，图 4-15 所示。

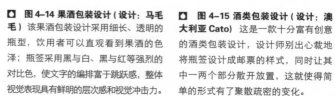

◨ **图 4-14 果酒包装设计（设计：马毛毛）** 该果酒包装设计采用细长、透明的瓶型，饮用者可以直观看到果酒的色泽；瓶签采用黑与白、黑与红等强烈的对比色，使文字的编排富于跳跃感，整体视觉表现具有鲜明的层次感和视觉冲击力。

◨ **图 4-15 酒类包装设计（设计：澳大利亚 Cato）** 这是一款十分富有创意的酒类包装设计，设计师别出心裁地将瓶签设计成邮票的样式，同时让其中一两个部分散开放置，这就使得简单的形式有了聚散疏密的变化。

◙ **图 4-16 水果罐头包装设计（设计：澳大利亚 Cato）** 罐头包装设计一般多采用透明的玻璃瓶盛装产品，该系列水果罐头的瓶签背景色与瓶盖颜色均作了统一的处理，使其具统一的形象，瓶签上的水果处理得十分茁壮饱满，包装设计整体风格统一、个性突出。

◙ **图 4-17 咖啡包装设计（设计：澳大利亚 Cato）** 该系列的包装设计瓶型上采用了曲线的处理方法，使外观看起来更为优美，瓶签为了与瓶型更好地融在一起，同样也采用了椭圆形的设计。

② **大瓶口** 又称作罐头瓶，指瓶口内径大于 30mm，一般其颈部和肩部较短，瓶肩较平，多呈罐装或杯状。由于瓶口大，装取物料都比较容易，所以多用于包装罐头食品及黏稠物品，如图 4-16、图 4-17 所示。

(2) 按瓶子几何形状进行分类

① **圆形瓶** 指瓶身的截面为圆形，由于圆形瓶的强度比较高，因此是较为广泛使用的瓶型，如图 4-18、图 4-19 所示。

② **方形瓶** 指瓶身截面为方形，这种瓶子的强度较圆形瓶相对低些，且制造有一定难度，故而使用较少，如图 4-20、图 4-21 所示。

③ **曲线形瓶** 指截面虽为圆形，但在高度方向却呈现曲线，有内凹和外凸两种，如花瓶式、葫芦瓶式等。由于这种瓶子形式新颖，故而很受用户欢迎（图 4-22）。

◙ **图 4-18 罐头食品包装设计（设计：巴西 Ferreira）** 瓶子造型饱满，瓶签与瓶子内的食品的纹理相结合，共同构成了产品独特的外观。

◙ 图4-19 国外酒类包装设计（设计：俄罗斯 Schreiber） 版画风格的高昂的牛头形象，彰显了品牌的个性与活力。

◙ 图4-20 方形化妆瓶设计（设计：佚名） 方形的瓶身与木质的方形瓶盖相呼应，整体设计简洁大方，色调淡雅柔和，凸显了品牌的文化内涵。

◙ 图4-21 国外酒类包装瓶设计（设计：俄罗斯 Schreiber）整体设计节约而富有新意，绿色的外套增加了整体包装的层次感。瓶身上简短的几排文字进一步强化了品牌形象。

◙ 图4-22 饮料包装设计（设计：荷兰阿姆斯特丹 TJEP 设计公司）该饮料瓶的瓶型设计灵感源于水的波纹，瓶子的造型优美，给人的视觉冲击力很强。

■ **图4-23 酒类包装设计** 扁圆的瓶型加上造型别致的瓶盖,俨然就是一件艺术品,这样精致的瓶子即便空着当做艺术品来摆放也是十分不错的选择。(设计:俄罗斯 Direct Design 视觉品牌工作室)。

④ **椭圆形瓶** 截面为椭圆,虽容量较小,但形状独特,也深受用户的喜爱,如图 4-23、图 4-24 所示。

(3) 按瓶子的用途不同进行分类

① **酒类用瓶** 每年全球的酒类产量都很大,大部分都用玻璃瓶进行包装,以圆形瓶为主(图 4-25)。

② **日用包装用瓶** 通常用来包装各种日常用的小商品,如化妆品、墨水、胶水等,由于商品种类繁多,其瓶形及封口也是多种多样的,如图 4-26、图 4-27 所示。

③ **食品用瓶** 罐头食品种类多,产量较大,所以自成一体。一般多用广口瓶,容量多为 0.2 ～ 0.5L,如图 4-28、图 4-29 所示。

④ **医药用瓶** 用来包装药品的玻璃瓶,有容量为 0 ～ 200mL 的棕色罗口小口瓶和 100 ～ 1000mL 的输液瓶等,如图 4-30 所示。

⑤ **化学试剂用瓶** 用来包装各种化学试剂,容量一般在 250 ～ 1200mL,瓶口有螺口和磨口,如图 4-31 所示。

(4) 按色泽不同分类

有无色透明瓶、白色瓶、棕色瓶、绿色瓶和蓝色瓶等,如图 4-32 ～ 图 4-34 所示。

(5) 按瓶颈形状分类

有颈瓶、无颈瓶、长颈瓶、短颈瓶、粗颈瓶和细颈瓶等,如图 4-35 ～ 图 4--39 所示。

1.5 陶瓷

陶瓷是以黏土、长石、石英等天然矿物为主要原料,经过粉碎、混合和塑化等程序,按用途成型,并经过装饰、涂釉,然后在高温下烧制而成。

陶,分为普陶、精陶、细陶。瓷,分为高级釉瓷和普通釉瓷。高级釉瓷的釉面质地坚固、不透明、光洁、晶莹;普通釉瓷质地粗糙、光润。陶瓷是历史悠久的包装材料,其造型与色彩变化丰富,富于装饰性。陶瓷制成的容器具有耐火、耐热、耐碱酸、稳定、不变形、坚固等优点。因此,常被用于酒类、盐、酱菜、泡菜、调

■ **图4-24 国外矿泉水包装设计** 圆圆的瓶身,造型饱满,瓶身上的文字编排沿着波浪的曲线进行排列使人不禁对大海产生了无限的遐想。(设计:佚名)

◘ **图 4-25 红酒瓶包装设计（设计：于纯轩）** 黑色酒瓶上的红色瓶贴与之对比十分强烈，素描风格的葡萄图案的搭配使画面更加彰显贵气，整个设计令人感到赏心悦目。

◘ **图 4-27 香水瓶包装设计 2（设计：佚名）** 该香水瓶的设计造型新颖，尤其是瓶盖上的玻璃球，设计师将球面分割成很多块的三角形切面，在光线的折射下瓶子整体显得光彩四射。

◘ **图 4-28 海天腐乳瓶的包装设计（设计：佚名）** 海天腐乳的瓶签使用的是古建筑插画，配上简单的文字，体现出海天腐乳的历史感，从而增加了消费者的信赖度。

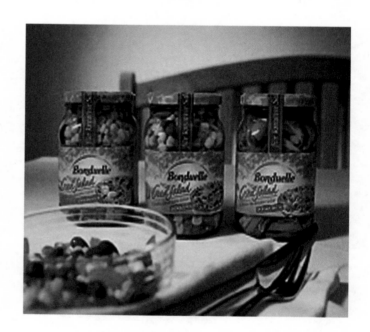

◘ **图 4-26 香水瓶包装设计 1（设计：佚名）** 是一套简约的香水瓶包装设计，瓶子上木头的瓶盖，与瓶内的香水颜色相呼应，给人简单大气的感觉。

◘ **图 4-29 国外豆制品瓶的包装设计（设计：佚名）** 食品罐头包装配色十分鲜艳活泼，与包装瓶内的食品颜色相呼应，使消费者在看到包装的第一眼就爱上了它。

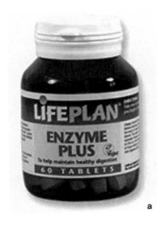 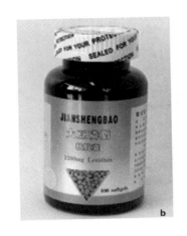

◪ **图 4-30 a~b 医药瓶包装设计（设计：佚名）** 是医药用的包装瓶，瓶贴上的文字编排简洁有序，给人的感觉安静舒缓。

◪ **图 4-31 化学试剂瓶（设计：佚名）** 是化学试剂瓶，包装一般都十分简单易懂，易于做实验时随时取用，同时也方便摆放。

◪ **图 4-32 无色透明纯净水包装瓶设计（设计：佚名）** 无色透明的包装瓶可以直观地看到其内部产品，该组包装设计中文字与图形配合得十分自然、默契，给人以清新脱俗的视觉美感。

◪ **图 4-33 棕色酒品包装瓶设计（设计：佚名）** 包装配色沉稳和谐，采用简洁抽象的图形装饰其瓶签，白色的酒名在其中十分明显。该包装瓶型的线条富有张力，色彩单纯，文字简洁，质感光滑。

◪ **图 4-34 黑色和绿色酒品包装瓶设计（设计：佚名）** 该包装设计中纯粹以文字作为主要的视觉设计元素，通过大小、粗细不同的文字的精心排列，以细小的线条为界，分割画面，表达出强烈的个性特征。

◪ **图 4-35 有颈的酒品包装瓶设计（设计：佚名）**

◪ **图 4-36 无颈的饮料包装瓶设计（设计：佚名）**

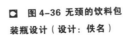 

◨ **图4-37 长颈和短颈酒品包装瓶设计（设计: 佚名）**

◨ **图4-38 粗颈酒水包装瓶设计（设计: 佚名）**

◨ **图4-39 细颈酒水包装瓶设计（设计: 佚名）**

不同的瓶型给人的视觉感受不同，只有选择合适的瓶型，并且与瓶贴的设计相呼应，才能称之为合适的瓶型包装设计。

◨ **图4-40 陶瓷酒瓶系列包装设计（设计：陈美玲）** 设计师以中国江南特有的水墨风景为主要的设计元素，配合书法、印章等中国元素，将陶瓷器皿的特点发挥得淋漓尽致。

料等传统食品包装。高级陶瓷可用做工艺品、旅游纪念品的包装。

1.5.1 陶瓷的性能
陶瓷的化学稳定性与热稳定性都非常好，可以经受各种化学物品的侵蚀，热稳定性比玻璃好，在 250～300℃时也不会开裂，并且可以经受温度剧变而完好无损。一般来说，包装用陶瓷材料主要考虑其化学稳定性和机械程度。

1.5.2 包装陶瓷的种类
包装陶瓷主要有精陶器、粗陶器、瓷器和炻器、特种陶瓷。

(1) 精陶器 精陶器又分为硬质精陶和普通精陶。精陶器比粗陶器精细，灰白色，气孔率和吸水率均小于粗陶器，他们常被作为坛、罐和陶瓶进行使用。

(2) 粗陶器 粗陶器具有多孔、表面较为粗糙、带有颜色和不透明的特点，并具有较大的吸水率和透气性，主要用作缸器。

(3) 瓷器 瓷器比陶器架构紧密均匀，为白色，表面光滑，吸水率低；极薄的瓷器还具有半透明的特性。瓷器主要作包装容器和家用器皿。

(4) 炻器 炻器是介于瓷器与陶器之间的一种陶瓷制品，有粗炻器和细炻器两种，主要用作缸、坛等容器，如图 4-40 所示。

1.5.3 陶瓷包装容器的品种、用途和结构
陶瓷包装按其包装造型可以分为缸、坛、罐、钵、瓶等多种。

(1) 陶缸大多为炻质，下小上大，敞口，内外施釉，缸盖是木制的，封口常用纸裱糊。在出口包装中，陶缸是咸蛋、皮蛋、咸菜等的专用包装。

(2) 坛和罐是可封口的容器，坛较大，罐较小，有平口和小口之分；有的坛两侧或一侧有耳环，便于搬运，坛外围多套有较稀疏但质地坚实的竹筐或柳条、荆条筐。这类容器主要用于盛

装酒、酱油、酱腌菜、硫酸、腐乳等商品，陶瓷的坛、罐一般都采用纸胶封口或胶泥封口。

(3) 陶瓷瓶是盛装酒类和其他饮料的销售包装，其造型、结构、瓶口等与玻璃瓶相似，材料有瓷质，构型有鼓腰型、壶形、葫芦形等艺术形象，陶瓷瓶古朴典雅，施釉和装潢比较美观，主要用于国内高级名酒的包装。

第二步，确定外包装设计的主色调，使整个色调与陶瓷瓶搭配协调（图4-42）。

第三步，设计好标志、品牌名称以及相应的纹饰图片进行细致的排版（图4-43）。

第四步，印刷制作成品（图4-44）。

另附瓶贴、吊牌、标志（图4-45）。

1.6 金属

金属包装材料是传统的包装材料之一，在包装材料中占有很重要的地位。金属包装容器从暂时贮存内装物品，演变到今天的食品

【设计案例】陶瓷材料在酒类包装设计中的运用

第一步，设计确定盒型（图4-41）。

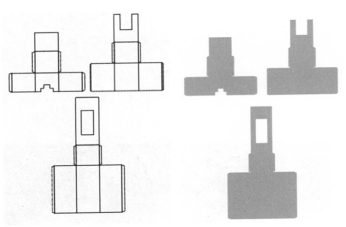

◨ 图4-41 盒型　　　　◨ 图4-42 底色稿　　　　◨ 图4-43 包装设计展开图　　　　◨ 图4-44 包装设计展示效果

a　　　　　　　　b　　　　　　　　c

◨ **图4-45a~c 泥坑酒瓶贴、吊牌、标志的设计**（设计：陈星）泥坑酒是河北地方名酒之一，历史悠久，其特点是将特制陶土制泥捶坑，五粮发酵，陶坛储酒，去邪碎，发香醇，饮则沁心脾、逸神志。所以在此次的包装设计中，整体风格采用比较古朴、民族的风格。整个色调都偏向泥土的颜色，并用中国红作为点睛之笔，包装上的插图也选用一些古老的酿酒场面，再加上手工制作的牛皮纸袋和草绳，使得整个包装看上去既古朴又大气。

罐头、饮料容器、运输包装等，成为长期保存内装物品的一种常用包装材料，金属容器给我们的工作和生活带来了很大的变革和进步。

金属包装材料的应用虽然只有一百多年的历史，但随着现代化冶金工业的发展，为工农业各部门提供大量金属，成为各部门现代化生产的基础，金属包装容器成为主要的包装材料之一。

在各种包装技术日新月异地发展的今天，新型包装材料不断出现，相互竞争十分激烈，金属包装材料在某些方面的应用已被塑料或复合材料所代替，但由于金属包装材料具有极其优良的综合性能，且资源极其丰富，所以金属包装仍然保持着生命力，应用形式更加多样，如图 4-46、图 4-47 所示。

金属包装材料的特点：

金属包装材料发展快，品种繁多，被广泛应用于工业产品包装、运输包装和销售包装中，主要是因为金属包装材料具有以下几种性能和特点。

(1) 金属包装材料的机械性能优良、强度高，因此金属包装容器可以制成薄壁、耐压强度高、不易破损的包装容器。这样就使得包装产品的安全性有了可靠的保障，便于贮存、携带、运输、装卸和使用。

(2) 金属包装材料的加工性能优良，加工工艺成熟，可以实现连续化、自动化生产。金属包装材料具有很好的延展性和强度，可以轧成各种厚度的板材、箔材，板材可以进行冲压、轧制、拉伸、焊接制成形状大小不同的包装容器；箔材可以与塑料、纸张等进行复合；金属铝、金、银、铬、钛等还可以镀在塑料薄膜或纸张上，因此金属能以多种形式充分发挥其防护性能。

(3) 金属包装材料具有极其优良的综合防护性能。金属的水蒸气透过率很低，完全不透光，能有效避免紫外线的影响。其阻气性、防潮性、遮光性和保香性大大超过塑料、纸等其他类型的包装材料。从而金属包装能够长时间地保持商品的质量，保质期长达三年之久，这对于食品包装尤为重要。

(4) 金属包装材料具有特殊的金属光泽，易于印刷，可以使商品外表华丽富贵，美观畅销。此外，各种金属箔和镀金属薄膜也是非常理想的商标材料。

(5) 金属包装材料资源十分丰富，能耗量和制作成本也比较低。而且具有重复利用的特性，是理想的绿色包装材料。

● **图 4-46 花茶包装设计（设计：余振兴）** 是一组花茶的包装设计，包装整体上风格统一，系列感较强，个性突出。

● **图 4-47 寓言糖包装设计（设计：龚倩）** 以卡通式的表现手法，奇妙的想象，赢得受众的喜爱，拓展了包装设计的内涵。

1.7 复合材料

1.7.1 定义

复合材料是两种或两种以上材料，经过一次或多次复合工艺组合在一起，从而构成一定功能的复合材料。一般可以分为基层、功能层和热封层。基层主要起美观、印刷、阻湿等作用。如BOPP、BOPET、BOPA、MT、KOP、KPET 等；功能层主要起阻隔、避光等作用，如 VMPET、AL、EVOH、PVDC 等；热封层与包装物品直接接触，具有良好的热封性、适应性、渗透性以及透明性等功能，如 LDPE、LLDPE、LDPE、CPP 及VMCPP、EVA、EAA、E-MAA、EMA、EBA 等。

1.7.2 选择

因为复合包装材料所牵涉的原材料种类较多，性质差异较大，哪些材料可以结合，或不能结合，用什么黏合等，问题比较多而复杂，所以必须对它们仔细选择，方能获得理想的效果。选择的原则主要有以下几点：（1）明确包装的对象和要求；（2）选用合适的包装原材料和加工方法；（3）采用合适的黏合剂或层合原料。

1.7.3 应用

对于流通和消费时间比较短的酸奶，可以使用塑料包装材料进行包装。常用于酸奶包装的塑料材料包括单体塑料材料和多层塑料复合材料（如多层复合聚乙烯材料）。

塑料材料与纸质材料、玻璃材料和金属材料相比有很多优点和特性，例如透明度好、防水防潮性好、良好的耐性（如耐油性、耐低温性、耐药品性）、优良的加工性等，而且，塑料材料的价格便宜、比重小。当然，塑料材料在耐腐蚀性方面比玻璃材料差一些，在机械强度方面不如金属材料，在印刷适性方面不如纸张。总之，只要进行合理的选择，并结合先进的加工技术，塑料材料在包装酸奶等乳制品方面依然有着广阔的应用前景。

用于包装酸奶的材料主要有：①聚乙烯＋二氧化钛。在生产聚乙烯薄膜时，添加白色的二氧化钛所生产出来的聚乙烯薄膜具有一定阻光性，起到遮光的作用，这是因为白色的二氧化钛可以使聚乙烯薄膜呈现出白色半透明或不透明状态，以适应酸奶对包装材料的不透明的要求。②多层复合高密度聚乙烯材料，主要有三层结构的高密度聚乙烯和五层结构的高密度聚乙烯。

采用塑料材料进行酸奶包装的主要包装形式有瓶型、袋型和杯型。其中，袋型包装常用的材料大多是聚乙烯＋二氧化钛材料和多层复合高密度聚乙烯材料两种，瓶型包装和杯型包装常

◘ **图4-48 牛奶包装设计（设计：于菁）** 品牌标志上的小牛插画形象突出，作为包装设计的主要图形要素出现在包装上，引起人们对这种牛奶优秀品质的联想。

图 4-49

图 4-50

◐ **图 4-49 康师傅香辣牛肉面包装设计（设计：佚名）、图 4-50 乌江榨菜包装设计（设计：佚名）** 以上两种食品包装均采用复合膜来进行包装，可以很好地保护产品，方便食品的运输。

用的材料多是聚乙烯材料和聚苯乙烯材料两种（图 4-48）。

1.7.4 LDPE、LLDPE 树脂和膜

复合膜是从 20 世纪 70 年代末在我国起步的，从 80 年代初期至中期，我国开始引进一些挤出机、吹膜机和印刷机等生产设备，生产简单的二层或多层的复合材料。主要应用在方便面、饼干、榨菜等食品的包装上，如图 4-49、图 4-50 所示。

1.7.5 CPP 膜、CPE 膜

20 世纪 80 年代末至 90 年代初期，随着软包装设备和流延设备的引进使用，包装内含物的范围又进一步得到扩大，像一些膨化食品等包装袋的透明度要求较高，而一些煮沸、高温杀菌的产品又相继问市，对包装材料的要求也相应提高了，用流涎法生产的 CPP 膜具有良好耐油性、热封性、透明性、保香性以及低湿热封性和高温蒸煮性，它们在包装上得到较广泛的使用。用流涎法生产的 CPE 膜，因其低温热封、单向易撕性、透明度好等优点也进一步得到使用。

1.7.6 MLLDPE 树脂

随着包装市场的发展和变化，对包装的要求也愈来愈多。由于 MLLDPE 与 LDPE、LLDPE 具有良好的共混性和易加工性，可在吹膜或流延加工中混合 MLLDPE，这种膜具有良好的抗冲击强度、拉伸强度、良好的透明性以及比较好的低温热封性和抗污染性等，以其作为内层的复合材料可以广泛用于冷藏食品、洗发

水、醋、酱油、油、洗涤剂等，较好地解决了以上的产品在包装生产、运输过程中的破包、漏包、渗透等现象。

1.7.7 盖膜内层材料

果冻、酸奶、果奶、汤汁等液体包装杯、包装瓶，其主要材料是 PP、HDPE、PS 等。此类包装的盖膜，一要考虑保质期限，二要考虑盖膜与杯子间的热封强度，最后还要考虑消费者使用的方便——易撕性。达到这些特殊性，内层材料只能与杯子形成界面黏合强度，而不能够完全地渗透、熔合在一起。对于要求盖膜与底杯盖牢、不撕开，一般的要求是底杯材质和盖膜内层材料一致，以便两种材料热封时，完全熔合。如 HDPE 杯，其盖膜内层材料为：EAA 或 LDPE；PP 杯，其盖膜的内层为 CPP 膜；PET 瓶，目前使用一种经过涂布改性的 PET 膜作热封层，封盖装农药 PET 瓶，取得了满意的结果。

1.7.8 共挤膜

使用单层的 LDPE 或 LDPE 与其他树脂共混生产的薄膜，性能单一，无法满足物品发展对包装的要求，所以用共挤吹膜或者共挤流延设备所生产的共挤膜，其综合性能提高。例如，膜的机械强度、热封温度、热封性能、开口性、阻隔性、抗污染性等综合性能提高，相反其加工成本又降低了，得到了广泛的使用。

复合软包装材料内层膜的发展，从 LDPE、LLDPE、CPP、MLLDPE，发展到现在共挤膜的大量使用，基本实现了包装的功能化、个性

◙ **图4-51 鸡蛋盒包装设计（设计：英国 Simon）** 设计的是一组鸡蛋外包装盒，采用环保型的复合材料，设计新颖。

化，满足了包装内含物保证质量、加工性能、运输、贮存的条件。随着新材料的不断推出，内层膜生产技术和设备的提高，复合软包装材料内层膜的发展必将得到飞速提升，并将继续推动食品行业的发展。

1.7.9 其他
随着社会的发展进步，人类需求的不断增长，各种功能性和环保性的包装薄膜不断涌现。例如，环保安全、降解彻底且又具有良好的热封性能的水溶性聚乙烯醇薄膜，目前除了作为单层包装材料外，其作为内层膜的应用也正在研究开发之中，相信不久的将来也会得到广泛的应用，如图4-51所示。

2 包装设计与材料的关系
任何艺术作品都是建构在材质的基础之上的，在包装设计的整个过程中材料是所有环节的物质基础，因此我们选用综合材料来定义设计的语言，从设计到材料，再从材料到设计的思维方式为艺术家们提供了无限的可能性。

2.1 包装材料与主题的关系
材料在设计师的眼中是充满感情的，由于材料本身所具有的一些特性，通过人为的处理可以令其表面质感表现得更为张扬：使光滑的材料有流畅之美，粗糙的材料有古朴之貌，柔软的材料有肌肤之感……这种联想足以引发优秀的设计作品诞生。由于材料丰富多样的选择，也就决定了包装设计手法的灵活多样。

我们可以将包装材料主要分为两大类：一是自然材料（主要以木、竹、藤等为主），二是人工材料（主要以塑料、玻璃、金属为主）。不同的材料所具有的审美特性也是不同的，因此带给人视觉和触觉上的感受也会有所差异，所以说设计师在了解材质种类的同时，还追求材质的审美感受。一般来说，人们对于材质的感受是由于材质本身的肌理、光泽、质地、手感等一系列因素所决定的。材质不同所引起的视觉美感也不同。例如，厚重的材质给人以稳重之美；轻薄的材质给人以浪漫之美；粗糙的材质给人以原始之美；光滑的材质给人以华贵之美。由于材质本身所具有的特性和自身语言内涵的差异性，也就造成了不同的视觉效果。

现代材质的艺术美感正逐渐改变人们的审美观念，材质设计独特的艺术魅力给人们带来视觉冲击力和震撼力是具有创造性的，已不容忽视。因而我们可以说，包装材料的恰当运用，不仅能使包装的艺术效果得到很好的表现，而且也是评价一个包装品质优劣的重要标志，可以让包装的主题得到升华。

对于从事包装设计的人来说，我们一般会经常采用两种不同的设计方法：一种是先选定包装所使用的材料，然后再设计包装；另一种是先设计包装的造型，然后再根据造型寻找适当的材料。无论使用哪种方法，最后是殊途同归，两种方法的最终目的都是将材料转变成包装，不同的设计师有不同的设计风格，但材料始终是一个重要的设计元素。只有选择合适的表现方法，巧妙地把材料的特性注入设计中，才能充分发挥材料的独特魅

■ **图4-52 节日礼品包装设计（设计：美国TOKY品牌和设计机构）** 以富有想象力文案的精美原创插图为主要的设计风格，向受众传达出分享节日的快乐，聚焦礼物，回忆欢乐的时光，让节日变得更特别具有创意。

■ **图4-53 农产品包装设计（设计：佚名）** Villa de Patos 是一家1980年成立的家族公司，公司采用传统墨西哥技艺并且牢记社会责任，提供纯天然、健康的产品。插图、纯手工产品、经典字体设计及手绘被企业主在不同时期作为图形元素应用于 Villa de Patos 产品的品牌开发。

力，进而更好地为产品服务，使产品的主题得到充分的表达。

总而言之，材料是包装的物质载体，是体现设计师思想的物质基础。正如古语"巧妇难为无米之炊"所言，如果缺少了材料，任何完美的设计只能成为空想。因此，材料的选择便成为包装是否成功的先决条件，而借助合适的材料，包装的主题才能被淋漓尽致地表现出来，包装材料和主题是一种相辅相成、互相制约的关系。

2.2 包装用纸
各种纸材料的分类和特点：

2.2.1 牛皮纸
由硫酸盐针叶木浆纤维或者掺加一定比例的其他纸浆制作的高级包装纸。牛皮纸纸面呈黄褐色，质地坚韧、强度极大。

牛皮纸主要用于包装商品、工业品等，从小五金、汽车零件，到日用百货、纺织品等。由于这种纸质地坚韧，不易破裂，故能起到良好地保护被包装物品的作用。此外，牛皮纸还可以再加工制作卷宗、档案袋、信封、唱片袋、砂纸基纸等；牛皮纸有单面牛皮纸、双面牛皮纸和条纹牛皮纸三种，其中双面牛皮纸

又可以分为压光牛皮纸和亮光牛皮纸两种，如图4-52、图4-53所示。

2.2.2 白板纸
白板纸分为背面灰底和背面白底两种。白板纸质地坚固厚实，纸面平滑，有良好的挺立强度、表面强度、耐折和良好的印刷适应性，白板纸按定量可以分为200g/m²、220g/m²、250g/m²、280g/m²、350g/m²、400g/m²，白板纸适合做折叠盒、吊牌、衬板与吸塑包装的底托，如图4-54所示。

2.2.3 铜版纸
铜版纸有单面和双面之分，用木、棉、纤维等高级原料制成，分为灰底铜板卡纸（230~350 g/m²）、白铜板卡纸（230~400g/m²）、铜板西卡纸（200~300 g/m²），具有平滑、洁白、防水性好等特点。版面有涂层，印刷时不渗油墨，故色彩鲜艳。适合于多色套印，装潢效果好，如图4-55所示。

2.2.4 胶版纸
有单面和双面两种，定量在40~80g/m²左右，含有少量草纤维和木纤维。特点是纸面洁白光滑，适于做样本内页、信纸、信封、标签、产品说明书等。胶版纸是专供印刷包装装潢、商标、标签和糊裱盒面的双面印刷纸。胶版纸纤维均匀、紧密、洁白、不

脱粉、施耐度高、伸缩率小、抗张力和耐折度好，适宜多色印刷。

2.2.5 玻璃纸

玻璃纸原料为天然纤维，具有轻薄、平滑、光泽、高透明度等特点，抗拉强度大、延伸性小、印刷适性强。具有良好的防潮、防尘效果，多用于食品包装。玻璃纸分为透明玻璃纸和半透明玻璃纸两种，半透明玻璃纸是用漂白硫酸盐木浆，经长时间的高黏度打浆制成的双面光纸。纸质薄而柔软，双面光亮且呈半透明状，具有防油性、抗水性和较高的施胶度，但在水湿后会失去强度。适用于不需久藏的油脂、乳类食品和糖果、卷烟、药品等的包装。透明玻璃纸是一种透明度极高的高级包装用纸，常用于包装化妆品、药品、糖果、糕点以及针棉制品或开窗包装（图 4-56）。

2.2.6 涂蜡纸

在玻璃纸的基础上涂蜡而成，具有半透明、不变质、不受潮、不粘连、无毒等特点，可以直接用来包裹食品，如图 4-57 所示。

2.2.7 漂白纸

漂白纸是将软木和硬木混合的硫酸盐木浆，经漂白制成。具有强

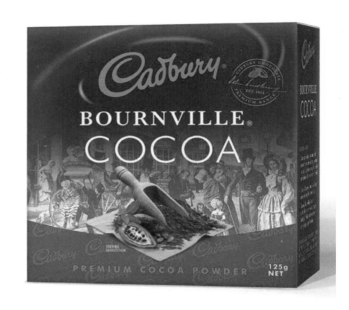

■ 图 4-55 吉百利烘培巧克力包装设计（设计：澳大利亚 Disegno 设计机构）
这是吉百利烘焙巧克力的全新包装，整个包装色泽饱满鲜艳，以欧洲上流社会的一些场景作为底图，体现了产品的历史厚重感，整个包装设计中标识、产品名称包装容量等信息都清晰地呈现出来，视觉要素的编排组合简洁明了。

■ 图 4-54 情侣茶叶包装设计（设计：克罗地亚 Mint – Maja Matas, Kresimir Miloloza, Jozo Matas）圣诞节是与家人一起团聚的日子。为了激励大家与亲爱的人一起分享一杯热饮，设计公司精心设计了这只专为情侣两人使用的茶叶包装。

度好、纸质白、平滑度高等特点，适用于食品裹包材料、标签纸等。

2.2.8 瓦楞纸板

纸因其内芯层形似瓦楞而得名，是商品包装领域应用最广泛的原材料之一。通过瓦楞纸机械在预先加工成具有凹凸波纹的芯纸与牛皮纸黏合而成，具有较高的强度、较好的弹性和延伸性，因其质量轻、价格便宜而受到用户的欢迎。瓦楞纸包装可以形成缓冲结构，防潮、抗压、防振性好，坚固耐用，保护商品在储运中不受或减少破损，如图 4-58 所示。

2.2.9 艺术纸

艺术纸其表面带有花纹肌理、色彩丰富，是一种工艺特殊、价格昂贵的纸张，较多使用在高档包装中。

2.2.10 铝箔纸

铝箔纸由铝箔衬纸与铝箔黏合而成，一面洁白，另一面具有金属光泽。铝箔纸具有防潮、防霉、防水、防尘和不透气性以及防紫外线、耐高温等特点，可以延长商品的保质期。多用于高档产品的产品包装，例如高级香烟、糖果的防潮包装纸。

◧ **图4-56 肉类产品包装设计（设计：佚名）** 系列的包装设计中使用玻璃纸进行包装，使消费者可以直观地看到产品。

本章小结：

本章主要向读者介绍了包装的材料，让大家在进行包装设计之前对包装材料的选择有一个更为清晰的认识，为大家进行包装设计提供了更加详实的包装材料的参考。本章中列举的众多包装案例大多是国外最新设计的优秀案例以及包装设计教学一线的优秀学生作品，一方面可以使读者及时了解国际上最新的包装设计动态，另一方面也可以了解国内设计教学的最新状况，使读者可以对包装设计有更加及时准确的了解和把握。

本章思考题：

1. 简要谈一谈你对传统包装材料所体现出的文化内涵的理解，以及个人在包装设计中对传统材料运用的情况。

2. 简要回忆一下本章中常用的几种包装材料以及各个材料的简单应用。

3. 结合平时的生活观察，谈一下为什么设计师必须对包装材料加以理解？

◧ **图4-57 意月历三明治面包片包装设计欣赏（设计：佚名）** 该包装是设计师使用各种和月历有关的文字和图形设计出来的，整个包装袋看起来十分时尚。

课题设计：

搜集各种常用的包装用纸实物，比较一下各种纸之间的质感区别；设计出一个简单的纸盒包装，用不同的纸打样制作出来后实际比较一下不同纸张在同一个设计中应用的不同效果。

◧ **图4-58 陶瓷礼盒包装设计（设计：英国 菲尔·沃宁）** 这是一只让你不禁微笑的创意包装。设计师在包装盒结构与产品特点之间玩起了小创意，创作出一个非常好玩且坚固的陶瓷礼盒（内含茶杯和茶托），使人在第一眼看到包装或打开它时，乃至拿出杯子的时候都会被其幽默的创意所吸引而乐此不疲。

第五章 包装结构整体设计

无论什么样的产品，要完成销售，都或多或少要进行一定的包装，这种包装显然离不开包装的造型与结构设计。包装的造型与结构设计是相辅相成的一种关系，缺一不可。将材料通过合理的设计，进行符合要求的加工，在保护商品的前提下，进一步考虑一些经济、展示等问题，使包装结构发挥其最大作用，这便是包装结构的设计意义所在。

1 纸质包装盒造型

谈到纸质包装盒的造型离不开纸盒包装的结构设计和造型设计。

1.1 纸盒（箱）包装结构设计

1.1.1 纸箱的包装结构设计

纸箱是指用各种纸板制成的，其中以瓦楞纸板制成的纸箱使用最为广泛。

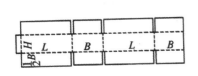
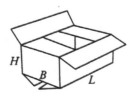

图 5-1 0201 型对口盖纸箱

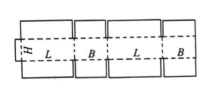
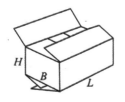

图 5-2 0202 型搭口盖式纸箱

其特点是易于加工，成本较低，外形整洁、美观，重量轻，封闭性好，使用前可折叠存放，能够较好地保护商品，适合机械化、自动化操作，便于装卸、搬运和堆放，易于开启，易于回收处理。

纸箱按其结构主要有以下几种:

(1) 开槽型纸箱：是运输包装中最基本的一种箱型，也是目前使用最广泛的一种纸箱，主要用作商品和货物的长途运输外包装。开槽型纸箱是指在我国和国际标准编号中为02型的纸箱，是最常见的外包装纸箱，基本上是由一片瓦楞纸板经过裁切、压痕、成型而成。这种纸箱是由顶部摇盖及底部摇盖构成箱底和箱盖，接缝处通过订合或粘合等方法封合，这类纸箱在运输、存储时，可以将其折叠平放，具有体积小、使用便捷、防尘、抗冲撞压挤能力强等优点。

开槽型纸箱可分为以下两种：

① 规则开槽纸箱：又习惯性称之为对口盖纸箱，外摇盖在中间合拢，例如0201型对口盖纸箱。

② 不规则开槽纸箱：常用的有对口盖式（中心特殊开槽式）的0204型纸箱，搭口盖式的0202、0205两种基本纸箱，大盖式的0203、0206两种基本箱型（图5-1~图5-6）。

(2) 套合型纸箱：多用于堆叠负载程度要求较高的产品包装，是我国和国际标准编号中为03型的纸箱，这种类型的纸箱是由几页箱坯组成的纸箱。其特点是箱体与箱盖是分开的，使用时，再将箱盖和箱体套接在一起。优点是装箱、封箱方便快捷，商品装入后不易脱落，纸箱的整体强度相对于开槽型纸箱要高很多；缺点是套合型成型后体积大，运输、存储不方便。

按结构的变化分为完全套合式纸箱（0301型）、部分套合式纸箱（0306型）和双盖纸箱（0310型）等多种，如图5-7~图5-9所示。

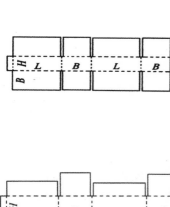

◉ 图 5-3 0203 型大盖式纸箱

◉ 图 5-8 0306 型套合式纸箱

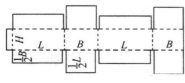
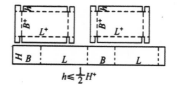

◉ 图 5-4 0204 型对口盖纸箱

◉ 图 5-9 0310 型套合式纸箱

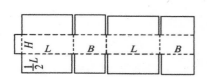
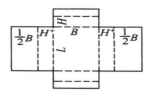

◉ 图 5-5 0205 型搭口盖式纸箱

◉ 图 5-10 0401 型一页折叠式纸箱

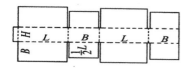
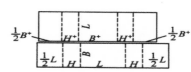

◉ 图 5-6 0206 型大盖式纸箱

◉ 图 5-11 0404 型二页折叠式纸箱

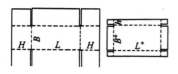

◉ 图 5-7 0301 型套合式纸箱

◉ 图 5-12 0405 型三页折叠式纸箱

(3) 折叠型纸箱：适用于体积较小的中小型包装，具有一定的销售包装功能。是我国和国际标准编号中 04 型的纸箱，这种类型的纸箱大多是由一片瓦楞纸板组成，经过折叠后形成箱底、侧面和箱盖，不需要订合或者粘合。按箱子结构的变化主要有一页折叠式纸箱（0401 型）、二页折叠式纸箱（0404

型）、三页折叠式纸箱（0405 型），如图 5-10～图 5-12 所示。

1.1.2 纸盒的包装结构设计

纸盒是指用纸（一般多用纸板）通过折叠、裁切、粘结等操作制成的盒子，纸制包装盒在目前的包装市场上占有非常大的比例，形态结构设计多样化，因为纸包装盒的成本相对其他类别的包装盒要低很多，可是其美观度一点也不逊色，所以深受各类商家的喜欢，它也将在未来的市场动态中占有绝大部分的比例。按材料可分为瓦楞纸盒、黄板纸盒、白板纸盒、箱板纸盒等；按形状可大致分为方形、圆形、多边形、异形纸盒等；按材料薄厚可分为厚板纸盒和薄板纸盒；按结构可分为固定纸盒与折叠纸盒。

(1) 纸盒的特点

质量轻，并且有一定的力学强度，制作工艺简单，适合机械化和自动化包装操作，成本较低，便于产品陈列与产品销售、携带、开启，使用起来十分方便，易于回收处理或重复使用，适于作为大多数商品的销售包装容器，或是作礼品包装等。

(2) 纸盒结构设计的要求

① **方便实用性**：纸盒的造型结构要便于商品的存储、陈列、销售、流通、携带与使用，考虑到消费者在携带和使用商品时的便利性，例如大一些的商品包装，像酒类的、点心食品类的包装等都在包装的纸盒结构上采用便携式的形式，这样方便携带和开启。

② **保护性**：纸盒的保护性是根据内装物的特点解决密封、抗震、防压和遮光等问题，这就要求设计的纸盒本身要结构牢固，有较好的耐冲击和抗压性能，有的商品还要求包装盒具有良好的防潮、防腐蚀等性能。

③ **合理性**：纸盒设计应追求材料、造型、结构等方面的合理性，设计师需要运用力学、数学、物理学、化学等方面的知识，从而使纸盒的设计达到量轻、料省、强度好和适应大批量生产等包装要求。最理想的纸盒结构应该是用一张纸就能完成，而且不需要粘合。

④ **创新性**：如今商品的造型不断变化，更新十分快，创新设计不仅要体现出商品的个性与特点，还要与商品的价值协调相平衡，与消费者的购买能力相适应，顾及包装的实用性。

1.2 纸盒造型

纸盒是一个立体的造型，它是由许多个面通过移动、堆积、折叠、包围等组成的多面形。立体构成中的面在空间中起到分割空间的作用，通过对不同部位的面加以折叠、切割、旋转，所得到的面便拥有了不同的情感体现。纸盒展示面的构成关系要注意正面、侧面、顶部与底部的衔接关系，以及包装信息元素的位置摆放。

1.2.1 纸盒包装造型设计的原则：

(1) 从材料上来说，应选择符合包装对象保护功能所需，符合印刷工艺及产品价位档次的要求。

(2) 从结构上来说，应充分利用材料的特性，将其塑造成有利于加工成型、保护产品，方便运输和储藏，方便消费者使用的造型。

(3) 从造型上来说，应当体现出企业商品的个性，形式新颖、造型美观，能够突出产品特色，有利于盛装商品，有利于塑造品牌形象和传达商品信息。

1.2.2 纸盒造型的种类主要有以下几种：

(1) 开窗式纸盒包装盒

这种形式的纸盒经常被用在玩具、食品等产品中。这种结构的特点是，能使消费者对产品一目了然，增加商品的可信度，一般开窗的部分使用透明材料，如图 5-13、图 5-14 所示。

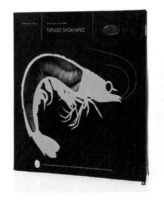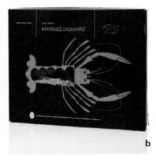

■ **图 5-13 水产品包装设计（设计：希腊 Beetroot）** 该系列产品包装上的品牌元素识别性强，黑色背景下，微妙的排版以及镂空的海鲜插图突显了产品的质量以及带给人们新鲜、个性的感觉。

(2) 抽屉式纸盒包装

这种包装的形式类似于抽屉的造型，盒盖与盒身分别由两张纸做成，结构牢固且便于多次循环使用。最经典的抽屉式纸盒包装是火柴盒，常见的有口服液的包装、盒装巧克力等，这类包装盒在日常生活中是比较常见的，如图5-15、图5-16所示。

(3) 天地盖式纸盒

盒盖与盒身是可以分离的，盒盖与盒身的高度可以是相同的，也可以是不同的，二者是以套扣的形式进行封闭关合的。套盖式纸盒的原材料一般要求用比较硬的纸材，如鞋类包装、五金包装、食品包装等，多用天地盖式纸盒，如图5-17、图5-18所示。

(4) 异形纸盒

异形纸盒在面、边、角的形状和数量等方面有别于常规的一些纸容器，但它们在保护性、方便性及商品的促销性等功能方面与常规纸容器的要求是相同的，因而同样应该依据纸盒设计的要求进行设计制作。

异形纸盒的造型包括各种几何形状，如三角形、六角形、八角形、梯形、柱形、半圆形等，包括仿照书本、汽车、动物、建筑物等进行设计的造型，结构造型富于艺术性、趣味性和实用性，一般适合糖果、糕点食品、玩具、文具、礼品、药品等销售的包装容器。

异形纸盒在造型上变化较大，富有创造性、装饰性和观赏性，甚至有些还具有独特的标识性。其不足之处可能是不适于机械化、自动化包装的作业要求，需要手工或半手工进行制作完成。因此，在前期的设计过程中，设计师更应该注意批量生产的经济性及可行性，如图5-19、图5-20所示。

(5) 拟态盒

其设计要点是模拟自然界的一些动、植物的形态和人造的一些形态进行纸盒的造型设计，拟态手法不是简单的仿真，而是将其设计为一个可以折叠存放的纸容器，采用几何化的手法进行设计，无论从外形还是表面装饰，都要进行概括和提炼。拟态

◘ 图5-14 Booster 功能饮料包装设计（设计：佚名） booster 功能饮料的包装设计采用开窗式包装设计，消费者可以直观地看到产品，外包装的卡通造型与开窗结合生动有趣。

◘ 图5-15 望洞庭酒包装设计（设计：胡一文） 望洞庭酒包装采用抽屉式纸盒包装，望洞庭的包装设计以酒瓶的外轮廓将盒盖与盒身分割开来，同时增加了包装结构层次的丰富性。

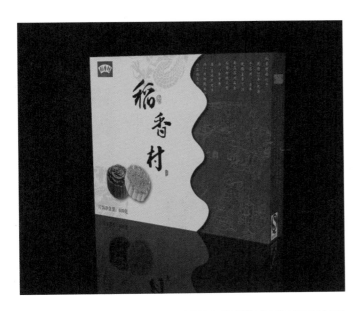

◎ **图 5-16 月饼盒包装设计（设计：高婷婷）** 稻香村月饼包装采用抽屉式包装盒，在保护商品的同时合理地将画面分隔开来，使包装设计层次丰富多变。

◎ **图 5-18 红酒包装设计（设计：葡萄牙 NTGJ）** 红酒包装设计以一幅抽象的装饰画作为主要图形，搭配上简单的文字，整体感觉时尚、个性又不失贵气。

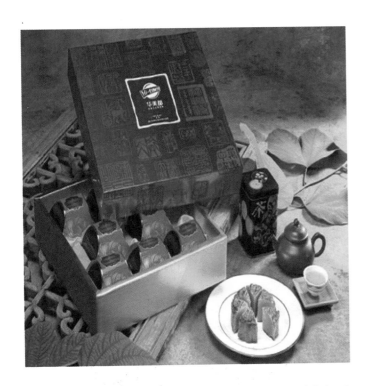

◎ **图 5-17 月饼包装设计（设计：佚名）** 盒盖包装的颜色以绛红色为主，盒身包装以金色为主，凸显出浓厚的节日氛围，盒盖以各种风格的印章为主要图形，是一个中国风十足的优秀设计。

◎ **图 5-19 食品包装设计（设计：Victor Branding Lab）** TK 食品的凤梨酥使用了清甜和芳香的台农 17 号菠萝。该包装设计采用菠萝造型，体现食品原汁原味的新鲜，和市面上的竞争品牌完全不同，而且是送礼的最佳选择。

◘ **图 5-20 餐具包装设计（设计：荷兰 Brandnew Design）** Hampi 是一款由棕榈叶制作的天然餐具，荷兰 Brandnew 设计创作了全新的产品包装。该设计描绘了由叶子改造成可重复使用的天然餐具这一特殊的产品故事。包装顶部和侧面展示了盘子的精美底纹，包装包括两种不同的产品：碗和盘子。

盒的设计最主要的是神似，通过形与色的完美结合，达到烘托气氛，促进商品销售的目的，如图 5-21 所示。

【设计案例】：甜点包装设计（设计：丁实）

这一系列包装运用中国元素"金陵十二钗"，低调的红、橙、蓝三种颜色和谐地搭配在一起，彰显独特的魅力。蛋糕盒侧面及手提袋的设计将这三种颜色结合在一起，巧妙地构成对比与呼应（图 5-22～图 5-25）。

◘ **图 5-21 葛兰茶包装设计（设计：澳大利亚 Grain）** 作为葛兰茶品牌2011 年新业务计划的一部分，设计师受邀为其创作全新的茶包装设计，希望挖掘出更多的潜在新客户。创意机构为其设计了四款个性十足的茶包装以展现该品牌的四个流行口味：华丽艺妓、英式早餐、湾仔、法国伯爵茶。每个盒内除了茶叶袋之外还有一张很小的产品折页，邀请客户花费 5 分钟的时间喝杯茶，同时了解更多的品牌故事。

◘ **图 5-23 内置蛋糕盒**

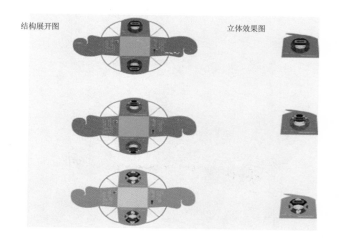

结构展开图　　　　　　　立体效果图

◘ **图 5-22 包装展开图**

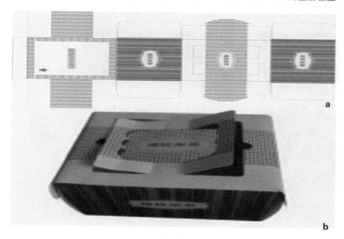

a

b

◘ **图 5-24 蛋糕盒展开图和效果图**

图 5-25 手提袋平面展开图、效果图及系列包装设计组合效果图

---

(6) 手提式纸盒

常用于体积比较大的商品的包装，便于消费者携带，手提式纸盒在设计时要注意产品的重量、材质与提手的牢固度，适合酒类、电器、食品等的产品包装，如图 5-26、图 5-27 所示。

(7) 插口式纸盒

这是最常用的一种纸盒形式，造型简洁、工艺简单、成本低，常见的批发包装多是用这种结构形式，如图 5-28 所示。

(8) 旋转式纸盒

旋转式纸盒指纸盒由套扣与被套两部分组成，对盒子的其中一角加以固定，作为一个可以转动的轴心，这种盒形的开启与关

闭都是旋转的，从而可以增加包装的趣味性，这种盒型常用于一些茶叶、高档礼品的外盒包装以及办公桌上的一些用品等，如图 5-29 所示。

(9) 悬挂盒

悬挂盒是陈列式纸盒的一种转化形式，经常与开窗式纸盒结合运用展示产品，一般用于重量轻、有一定趣味性的商品包装，经常用于文具、玩具、休闲食品、饰品、皮具等小商品，如图 5-30、图 5-31 所示。

(10) 易开盒

易开盒是指包装盒盖处的结构形成易开式或者是半自动开启

◙ **图 5-26 手提式蛋糕盒包装设计（设计：佚名）**

◙ **图 5-28 插口式巧克力纸盒包装设计（设计：高婷婷）** 该系列巧克力包装设计采用写实照片，令人垂涎欲滴，包装使用黑色的色块巧妙地分割画面。

◙ **图 5-29 厦门蚂蚱茶叶包装盒设计（设计：佚名）** 蚂蚱茶叶的包装设计以黄绿色调为主，以简洁的线描茶叶图，配上文字作底的背景，突出了蚂蚱茶叶的文化底蕴；采用对角线式的开启方式，增加了茶叶外包装的趣味性。

◙ **图 5-27 手提式特产包装盒设计（设计：佚名）** 如图 5-26，图 5-27 所示，提手的设计既方便了消费者的使用，同时也丰富了产品包装的造型，为更好地保护商品提供了保障。

◙ **图 5-30 文具组合套装设计（设计：Burgopak）** Stabilo 在欧洲市场上推出了一款以青年为目标人群且极具吸引力的文具用品系列。针对儿童和青少年为对象，包装设计以"人体工学"为主题，通过结构和形象的统一化，展现出一个醒目和令人信服的零售解决方案。包装正面以一个简洁的手形透明窗口设计将五件产品囊括其中，该设计不仅刺激了消费者的想像力，也加强了品牌在货架上的吸引力。

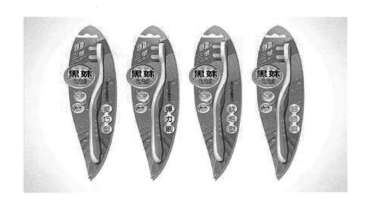

❶ **图5-31 黑妹牙膏包装设计（设计：陈涌新）** 牙刷外包装的整体造型是一个绿叶的形式，给人以清新自然的感觉，悬挂式的包装设计有利于产品的摆放、宣传与销售。

❶ **图5-32 易开式酒类纸盒包装设计（设计：佚名）** 设计师利用纸张自身的弹性，将纸盒的封口设计成易开式，方便消费者取出商品。

的处理，其结构多是利用纸板自身的弹性作包装的开启、关闭和别插，多用于药品、日用百货、酒类等产品的外包装，如图5-32所示。

【设计案例】铜锣烧包装盒 ——哆啦A梦先生、哆啦A梦小姐礼盒（图5-33）

创意： 喜欢哆啦A梦的人都有一个充满孩子般幻想的愿望，希望能够

像哆啦A梦一样拥有一个百宝袋，吃哆啦A梦喜欢吃的铜锣烧。那装铜锣烧的盒子一定要那么严肃吗？表现出如梦般缤纷的幻想和充满热情体验乐趣的心情，这才是哆啦A梦的世界。（设计：张瑞）

❶ **图5-33 铜锣烧包装盒**

---

2 常态纸盒结构设计

常态纸盒结构设计是针对管式折叠纸盒和盘式折叠纸盒的结构设计。

2.1 管式折叠纸盒

2.1.1 管式折叠纸盒的定义

管式折叠纸盒是主要的折叠纸盒种类之一，从结构上说是指在纸盒成型过程中，盒体通过一个接头接合（粘合、订合或锁

合），盒盖和盒底都需要有盒板或襟片通过折叠组装、粘等方式固定或封合。从造型上来说，是指盒盖所位于的盒面在其他盒面中面积最小的折叠纸盒。

2.1.2 管式折叠纸盒的盒盖结构

盒盖作为商品内装物进出的重要门户，其结构设计必须满足以下三点要求：便于内装物的装填；装入商品后不易自开；使用时便于消费者开启。

(1) 插入式

插入式盒盖由一个盖板和两个防尘襟片三部分组成，具有再封

的作用。优点是便于消费者在选择商品时开启观察内装物，还可多次取用商品，如图5-34～图5-37所示。

(2) 锁口式

锁口式是指主盖板的锁舌或锁舌群插入相对盖板的锁孔内。优点是封口牢固可靠，产品不易漏出，缺点是开启时稍显不便，如图5-38～图5-40所示。

(3) 插锁式

插锁式是指插入与锁口相结合的一种盒盖开启方式，如图5-41、图5-42所示。

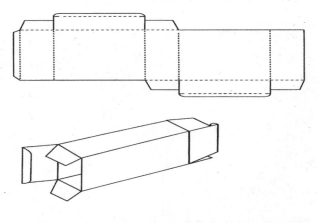

◨ **图5-34 插入式包装盒结构示意图**

◨ **图5-35 基奥基奥护肤品包装设计（设计：新西兰 BRR）** 如图5-34、图5-35所示，是新西兰设计机构 BRR 为当地的一款即将在美国面世的护肤品牌基奥基奥设计的全新包装，粉红色的包装给人感觉清新自然，容易使人联想到白里透红的水润肌肤。

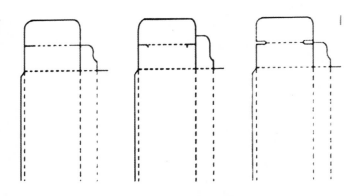

◨ **图5-36 插入式盒盖(底)不同形式的锁合结构示意图(隙孔、曲孔、槽孔锁合)**

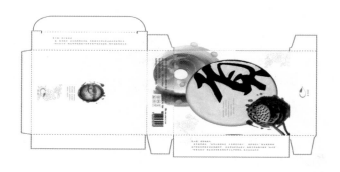

◨ **图5-37 茶叶包装中插入式盒盖曲孔锁合平面展开图（设计：孟岩）**

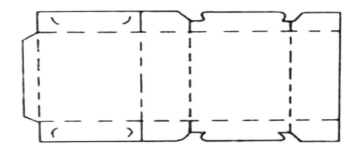

◪ 图5-38 锁口式包装盒结构示意图

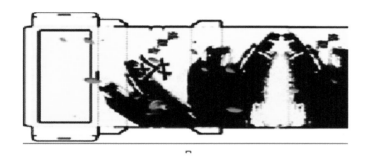

◪ 图5-39 锁口式茶叶包装盒平面展开图（设计：孟静然）

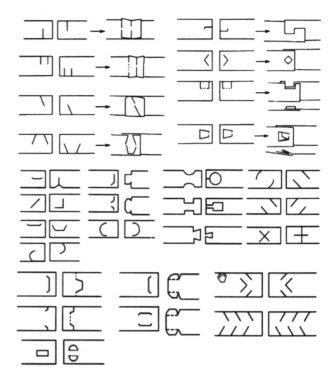

◪ 图5-40 折叠式纸盒侧面锁扣结构示意图

(4) 正揿封口式

正揿封口式是指在纸盒盒体上进行折线或弧线的压痕，利用纸板本身的挺度和强度，揿下盖板来实现封口。优点是包装操作起来十分简便，可以省省纸板；缺点是仅限容纳小型轻量的内装物，如图5-43所示。

(5) 粘合封口式

粘合封口式指将盒盖的主盖板与其余三块襟片粘合起来。优点是封口性能比较好，如图5-44、图5-45所示。

(6) 显开痕盖

显开痕盖是指在盒盖开启之后就不能够恢复之前的形状而且会留下明显的痕迹。这种开盖方式多用于食品和医药等包装，如图5-46所示。

(7) 连续摇翼窝进式

连续摇翼窝进式是指通过连续顺次折叠从而使盒盖片组成造型优美的图案，极富装饰性，多用于礼品包装设计，缺

点是制作时比较费时，如图5-47、图5-48所示。

2.1.3 管式折叠纸盒的盒底结构

盒底主要是承受内装物的重量，同时也受到压力、跌落、振动等情况的影响。纸盒底盖的种类也很多，但总的来说，如果盒底结构过于复杂，就会影响机器的生产效率，如果手动去折的话又会增加生产成本，因此，盒底的设计原则是既要保证强度，又要力求制作成型比较简单。

(1) 锁底式

锁底式是指盒底能够承受一定的重量，因而在大中型纸盒中被广泛的采用。

其优点是组合成型速度比较快，因此锁底式也被称之为快锁底，如图5-49、图5-50所示。

(2) 间壁封底式

间壁封底式是指将折叠纸盒的四个底片在封底的同时，其延

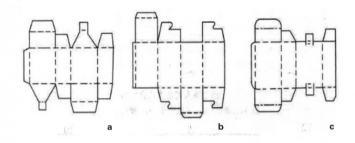

◐ **图 5-41 插锁式包装盒结构示意图**

◐ **图 5-42 插锁式茶叶包装盒平面展开图**（设计：陈美玲）

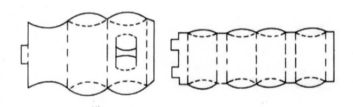

◐ **图 5-43 正撤封口式包装盒结构示意图**

长板将纸盒分隔。间壁板可以有效地分割和固定单个内装物，防止商品遭到碰撞损坏。由于纸盒主体与间壁隔板是一页成型，所以强度和挺度都相当高，如图 5-51 所示。

(3) 连续摇翼窝进式

连续摇翼窝进式基本结构同盒盖相似，不同之处在于其组装折叠时折叠方向与盒盖刚好相反，即花纹在盒内而不在盒外，相反则无法实现锁底，其内装物也将从盒底漏出，如图 5-52 所示。

2.2 盘式折叠纸盒

2.2.1 盘式折叠纸盒的定义

从造型上来说，是指盒盖位于最大盒面上的纸盒，通常来说盒子的高度较小，这种盒子的盒底负载面相对较大，打开盒子以后可以看到的内装商品区域也更大，有利于消费者挑选和购买商品。从结构上说，盘式折叠纸盒是由一张纸板以盒底为中心，四周成角折叠成主要盒型，边角处通过锁合、粘接等方法进行闭合。与管式折叠纸盒有所不同的是，这种纸盒的盒底没什么变化，主要的结构变化在盒盖位置。

2.2.2 盘式折叠纸盒的成型方式

(1) 组装成型

组装盒可以直接折叠成型，也可以用粘合或锁合辅助成型，组装的方式主要有：盒端对折组装，非粘合式蹼角与盒端对折组装，侧板与侧内板粘合，如图 5-53 所示。

(2) 锁合型

按锁合位置的不同可以分为以下几种锁合方式，侧板与端板锁合、端板与侧板锁合、襟片锁合、锁合襟片与锁合襟片锁合、盖板

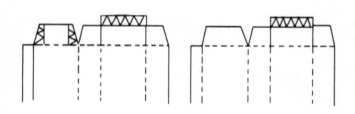

◐ **图 5-44 粘合封口式包装盒结构示意图**

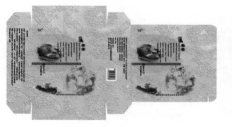

◐ **图 5-45 粘合封口式茶叶外包装盒平面展开图和效果图**（设计：陈娇凤）

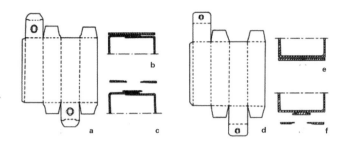

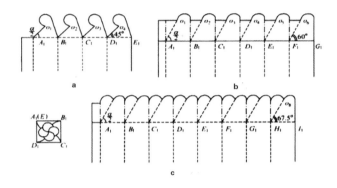

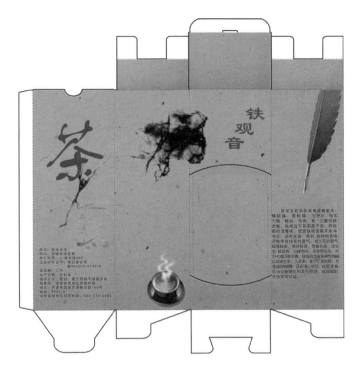

◙ 图 5-50 锁底式茶叶包装盒平面展开图（设计：孟静然）

◙ 图 5-48 正六棱柱连续摇翼窝进式盒盖化妆品包装盒结构展开图和效果图

（设计：邵希）

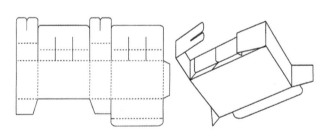

◙ 图 5-51 间壁封底式包装盒结构示意图

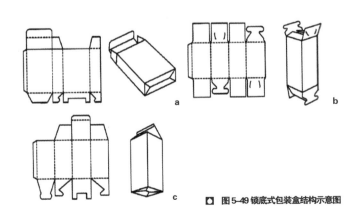

◙ 图 5-49 锁底式包装盒结构示意图

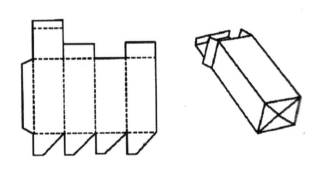

◙ 图 5-52 连续摇翼窝进式包装盒结构示意图

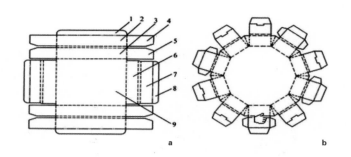

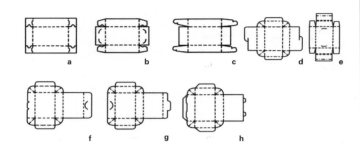

◑ 图 5-53 组装式盘式盒结构示意图

◑ 图 5-54 锁合型盒结构示意图

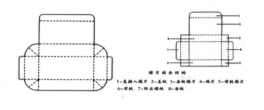

◑ 图 5-55 粘合蹼角结构示意图和襟片粘合结构示意图

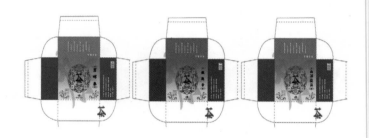

◑ 图 5-56 粘合蹼角茶叶包装设计平面展开图（设计：齐晓明）

锁合、底板与端襟片锁合、盖插入襟片与前板锁合，如图 5-54 所示。

(3) 粘合型

蹼角粘合是指盒角不切断，形成蹼角连接，采用平分角的方式将连接侧板和端板的蹼角分为全等两部分予以粘合；襟片粘合，分为侧板襟片与端板粘合，端板襟片与侧板粘合；内外板粘合，是侧内板与侧内板的粘合，如图 5-55、图 5-56 所示。

本章小结：

本章主要向读者介绍了包装的结构设计，主要针对纸盒类的包装，由于纸张十分容易塑形，可以制作出各种各样的形状，因此本章着重介绍各种不同形状、不同纸张的纸盒结构设计。这样可以使读者欣赏和设计包装结构的同时有更深一步的了解和认识，为以后的设计积累经验。

本章思考题：

1. 包装结构的意义何在？

2. 纸盒结构分为哪些类型？盒底结构分哪几种？锁扣结构可分为哪几类？

3. 对包装结构设计有哪几方面的要求？

4. 自己动手制作 3～4 个包装盒，加深对本章节内容的理解。

课题设计：

自己选定一个品牌，并为其做一组系列的包装设计。

第六章 包装设计赏析

学习要点及目标：
了解并熟悉各种包装容器的造型；
通过优秀案例的赏析增加学习兴趣；
了解并掌握系列包装设计的设计要领。

系列化包装是现代包装设计中较为常见、实用、流行的一种包装形式。这种系列设计的优势在于既具有多样的变化美，又具有统一的整体美；上架陈列后效果强烈；受众容易识别和记忆；可以缩短众多包装的设计周期，便于商品新品种的包装开发设计与推广；增强广告宣传的效果，强化消费者的印象，扩大影响，树立名牌效应。

1 容器包装造型设计

在人们的生产生活中，为了生活和工作的需要，产生了各式各样的容器，为人类生活提供了方便。有的容器以实用为目的，有的以观赏为目的，也有的既兼具实用又可陈设观赏。现代容器设计的目的是既要满足实用性的目的，又要满足人类社会对美的需要。

容器囊括的范围很广，在平面设计专业中研究的主要是日用品容器，其中以酒类、食品、化妆品类的容器设计为主。

1.1 容器包装造型设计的一般步骤

1.1.1 设计程序

我们在做每套设计方案之前都需要预先确定好一套完整的设计程序。容器包装设计的程序大致分为以下八个步骤：

(1) 对于需要设计的容器造型进行针对性地调查和资料搜集；
(2) 对所调查的资料进行初步分析；
(3) 确定最终的设计方案；
(4) 选定适合的材料工艺；
(5) 设计出草稿并写出设计说明；
(6) 计算出所设计容器的容量；
(7) 绘制出容器的工艺制作图和产品效果图；
(8) 实际制作出容器的石膏模型。

1.1.2 容器的容量计算

器皿如果是圆柱形的造型，则其容量可以根据几何学中圆柱体的体积公式进行计算。如果是非圆柱体的造型，则必须根据器皿各个部位不同的尺寸，分别、分段进行计算，最后将各个部位的容积相加，求得整体的体积。

根据公式：体积 × 比重 = 重量
所以，当容器内所盛物质为水的情况下（水的比重为 1），重量 = 容量。容量的单位为 ml。

1.1.3 容器的工艺制作图和效果图

容器造型的制图根据统一的制图要求，绘出造型的具体形态后将比例与尺寸标注在图上，作为生产制作的依据。

(1) 三视图

三视图包括：正视图、俯视图、侧视图，根据投影的原理进行绘制。在制图中一般对三视图的安排为：正视图放在图纸的主要位置，俯视图放在正视图的上方，侧视图安排在正视图的一边。

(2) 线型的运用

为了使图纸规范、清晰、容易看懂，轮廓结构分明，必须使用不同的规范化线型来表示。

①**粗实线**：用来画可见的轮廓线，包括剖面的轮廓线，线的宽度一般为 0.4 ~ 1.4mm。

②**细实线**：用来画明确的转折线、尺寸界线、尺寸线、引出线和剖面线，线的宽度一般为粗实线的 1/4 或更细。

③**虚线**：用来画看不见的轮廓线，属于被遮挡住但需要表现出来的轮廓线。线的宽度一般为粗实线的 1/2 或更细。

④**点划线**：用来画中心线或轴线。线的宽度一般为粗实线的 1/4 或更细。

⑤ **波浪线**：用来画局部剖视部分的分界线。线的宽度一般为粗实线的 1/2 或更细。

(3) 剖面图的画法

为了更清楚地表现造型结构及容器壁的厚度，必须将造型以中轴线为基准，从造型的 1/4 处整齐地剖开去掉，露出剖面部分。剖面要用规范的剖面线进行标示，以便与未剖开的部分区分。规范的剖面线有用斜线表示、圆点表示、完全涂黑，三种方法表示。

(4) 墨线图画法

①用铅笔画好草图；
②固定在画板上；
③再将硫酸纸蒙在原图上，固定好，不可错位；
④从左到右，由上到下，先画长线，后画短线，同方向的一次画，同粗细的一次画，先画粗线，后画细线。

(5) 尺寸的标注

为了方便识图与制作使用，我们在前期制图时应该准确详细的把造型的各部位的尺寸标注出来。标注尺寸的线均使用细实线；尺寸线两端与尺寸界线的交接处要用箭头标出来，以示尺寸范围。尺寸界线超出尺寸线的箭头处约 2～3mm，尺寸标注线距离轮廓线的距离要大于 5mm。尺寸数字写在尺寸线的中间断开处，标注尺寸的方法要统一，垂直方向的尺寸数字应由下向上写。图纸上所标注的实际尺寸数字，规定是以毫米为长度单位，所以图纸上不需要再标注单位名称。

(6) 工具

①绘图板。
②铅笔：HB、2H、4H 各 1 支。
③ 粗、中、细不同型号的绘画墨水笔各 1 支。
④直线笔 1 支。
⑤绘图笔 1 套。
⑥圆规：能够换铅笔芯和鸭嘴笔的各 1 个。
⑦三角板：大、小各准备一套。
⑧曲线板 1 个。
⑨丁字尺 1 把。

最后，还要准备绘图纸等材料。

(7) 其他

使用材料、容量、硫酸纸、绘图用碳素墨水。

(8) 效果图

效果图可以完整、清楚地将设计者的设计意图表现出来，注重表现不同材料在设计中的运用效果。绘图的方法有手绘法、喷绘法或两者结合使用等。效果图要尽可能表现出成品的材料、质感效果。底色以简单、明了、突出为好。

1.1.4 容器石膏模型的制作方法

(1) 手工制做法

在容器造型中有出现很多异型设计，往往需要手工制作。

①**工具**

工具刀：用来切削石膏等；有机片：普通有机片即可，在上面用壁纸刀划上经纬线；
内外卡尺：用来测量尺寸；
手锯：截锯石膏时使用；
围筒：用油毡纸、铁皮、易卷起的塑料片等均可；
水磨砂纸：粗细各准备一些，等石膏模型干透后，用于表面打磨；
乳胶：粘接造型构件时使用；
石膏粉：颗粒细、无杂质，用于制做模型或粘接构件时使用。

②**制作方法**

一般把造型分解开来制做，最后进行组合，先根据尺寸用油纸围起围筒，注入石膏，制做出高度、直径造型相当的石膏柱体（注意尺寸略有宽余为好），然后，放在有机片上借水磨制出粗型。待所有部分的粗型制作完后可以趁湿用石膏将各部分粘接，也可以待干燥后用乳胶粘接。然后，待石膏干透后用细砂纸进行打磨即可完成制作。

(2) 机轮旋制法

这种方法是常用的一种制模方法，但只局限于同心圆型的造型制作。

①**工具**

机轮、支棒、车刀、围筒。

其他：直尺、三角尺、卡尺、铅笔、线绳、铁夹等。石膏粉要求颗粒细、无杂质。

②**制作方法**

先在轮盘上做出石膏柱体。根据所要制作的容器直径尺寸用油毡卷出圆筒，尺寸要略大一点。用线绳和铁夹固定在轮盘上的同心圆周线上。再将：1：1.2 的水和石膏调成浆状，把浮在上面的脏东西去掉，然后倒入预先准备好的围筒内，迅速用木条轻轻搅动或轻轻晃动轮盘，以便排出石膏浆内的气泡。待石膏浆凝固但还未硬结时，取下围筒，迅速把石膏柱体旋正，找出同心，然后把柱体的顶部旋平再找出造型的高度和最大直径。在操作过程中要注意身体要正，操刀要稳，进刀不可过快，用力要均匀一些。多用刀尖，少用刀刃，可较好地避免在制作过程中出现跳刀现象。最后线型的连续与转折等部位处理要用锯条制成的修刀调整。

1.2 包装容器设计的基本要素

包装容器设计的基本要素是根据设计的项目、使用的要求，利用玻璃、陶瓷、金属等材料，采用适合的工艺技术，设计和制作出具有实用价值、审美价值的器皿造型。这不是只限于平面图纸上线条的组合，而是需要综合工艺材料、功能效应和工艺技术以及艺术化处理等方面因素构成一个完整的造物概念。具体来说，一件优美新颖的包装容器应该在适应商品盛装和保护商品的功能下，具有科学、合理、便利的结构。

1.3 容器的分类

广义上来说，所有能够盛装物质的造型都可以称之为容器。从材料上可分为玻璃容器、竹木制容器、陶瓷容器、金属容器、塑料容器、草、皮革、纸容器等。从用途上可分为酒水类容器、化妆品类容器、食品类容器、药品类容器、化学实验类容器等。从形态上可分为瓶、缸、罐、壶、碟、杯、盘、碗、桶、盒等容器。

以下为大家介绍一些常用的容器，根据包装材料进行分类。

1.3.1 纸容器

美国的 Kellogg 兄弟最早使用纸盒作为产品的包装，他们用纸盒作为麦片状玉米早餐的产品包装。Kellogg 兄弟的公司在 20 世纪二三十年代就为该产品设计出一系列图案的纸盒容器，随后其他商家开始纷纷效仿大量印刷纸盒作为产品的包装。Kellogg 牌早餐已有近百年的历史，至今仍坚持使用纸盒包装，并占据大部分西方国家的早餐市场。

随着经济的高速发展，今天有越来越多的产品使用纸盒作为包装，例如食品、化妆品、香烟、办公用品等。通过选用不同质量、不同重量的纸张以及不同的印刷工艺将纸盒制作成不同级别的产品包装，从高档商品的包装盒到极为简单、实用的工具包装盒，无论是包装哪一种产品，纸盒的基本功能都是一样的，那就是必须以保护产品、方便运输、利于促销为最终目的。

和其他的包装设计一样，纸盒包装必须受到顾客的青睐，因

此纸盒的外观从某种意义上来说甚至比产品还重要许多，就算该品牌已经在市场上有一定的占有率，其纸盒包装的外观设计也是不容忽视的。制造商们往往会存储不同类型的纸板以供随时制成各种纸盒，而每一种纸板都必须具有其最基本的职能，例如提供好的印刷效果、易粘合、易控制、适于自动包装流水线操作等。

近些年来，在产品包装材料的选择上较为倾向于使用复合纸板制作的纸盒，尤其以食品类的包装居多。目前来看，大多数的饼干依然采用塑料薄膜作为包装材料，但是档次稍微高点的包装又渐渐回到使用纸盒包装上来。自从无菌纸盒诞生后，纸盒容器比听装容器能更好地保持食物的滋味，而且纸盒包装的成本也相对较低，因此受到制造商的喜爱。在不断发展的酒类包装市场中，纸盒容器一直占有很大的比例，如图6-1、图6-2所示。

1.3.2 塑料容器

许多包装在最初选择包装形式时都会遇到一个共同的问题，那就是是否选用塑料容器。塑料容器被广泛地用于各类产品，主要因其具有轻便、价廉、形状和色彩多样等优点，因此塑料用量远远超过其他的包装材料。美中不足的是塑料包装很难塑造高品质的品牌形象，所以塑料容器只能作为大众化的包装而出现在每个家庭里，如塑料洗漱用品、清洁用品的容器等。

塑料容器的制造成分有很多，主要是聚乙烯、聚丙烯等。一般来说塑料容器需符合以下几点：①必须能够保护产品；②密封性能要好；③方便使用；④成本低廉，经济实惠。塑料容器的成分还需符合法律的要求，只有这样才能确保不影响所包装的产品以及造成对使用者的伤害。

目前，市场上使用塑料容器较多的产品主要是化妆品及各类护肤品，管状容器可挤压的特性是其他材料无法竞争的优势，而塑料容器在化妆品包装上的重要地位也就因此得到了奠定。

此外，饮料也是使用塑料容器较多的产品。制造饮料容器的主要成分是聚酯，在过去的 20 年里，由于聚酯材料品种的不断增多及应用，聚酯迅速地成为主要的包装材料之一，特别是复合后的聚酯材料因其具有很好的防氧渗透性，被广泛应用于制作碳酸饮料包装、啤酒及各类果汁酒的包装。

过去，塑料容器在饮料上的使用无法与玻璃竞争，主要是因为玻璃无味的特点，而今天，随着技术的不断进步，塑料的生产

◨ **图6-1 三洲田茶系列包装设计（设计：佚名）** 三洲田茶系列包装设计以纸材料为包装原料，在设计时设计者故意将三洲田茶与传统茶叶的包装风格区别开来，在整体设计风格上更加偏向现代风格的设计，设计师采用颜色艳丽大色块作为主要的设计元素，搭配个性的商品字体设计，还有简单、抽象的线描简笔画，幽远意境。

制造技术越来越趋于完美。由于聚酯复合材料还具有良好的耐高温和耐低温性，因此常被用于制作各种容器盘和用于微波炉、冰箱、普通烤箱等，聚酯材料容器也是航空公司飞机服务所用食品的主要包装。

聚酯材料在包装容器上的运用十分成功，甚至就连过去不可回收、容易造成环境污染的问题也得到了解决，已经成为当今设计师们最理想的选择之一，如图 6-3、图 6-4 所示。

1.3.3 玻璃容器

最早的玻璃制造业是古埃及人在公元前 1500 年建立的。因为玻璃容器的基础材料在自然界中非常容易获得，例如苏打、石灰石、硅土或沙子等，当这些材料通过高温加热融合在一起时，就形成了玻璃的液体形状供随时铸模成型，所以能被早期的人类制造出来。玻璃是一种非常好的容器材料，可以盛装较重的物体而不变形，但是它不能承受冲击和摔打。

玻璃容器因其不污染食物的特点而被广泛地用作食品、饮料的包装。美国、法国和德国等西方这些国家的大部分饮料和酒类

仍然喜欢使用玻璃容器。无论哪个国家，大多数酒瓶始终使用传统的有色玻璃瓶。由于技术的发展，现在市场上有些酒被包装进纸盒容器、锡罐及塑料容器中，尽管如此，玻璃酒瓶的展示效果以及传统的感觉仍是其他材料所无法替代的。

化妆品行业也是玻璃容器的另一个用武之地，尤其以香水包装使用的最多。从某种角度讲，香水的精神价值比它的物质价值更重要。正因如此，香水的生产商总是千方百计地给产品塑造一个良好的形象，在众多材料中，玻璃容器则是最佳的选择。玻璃具有分量感、无气味、易成型等良好的特征，晶莹剔透的质感加上可以塑造千奇百怪的造型，无疑是高品质的象征。化工产品的包装也多使用玻璃容器，主要是因为玻璃具有防酸、防碱等性能。另外，有色玻璃也可以保护敏感产品，例如摄影用的化学药剂和溶液等。

聚酯材料的容器是近些年来玻璃容器的主要竞争对手，但总的来说，由于玻璃容器的无味、防酸、防碱、易回收等特点，使得这一包装始终占有一席之地，且在未来的许多年里都不会被取代，如图 6-5、图 6-6 所示。

◘ 图 6-2 咖啡品牌系列包装设计（设计：新加坡 布兰登·辛）是布兰登·辛创建的一个全新的咖啡品牌形象和系列包装设计，作为包装设计课程的一部分，其设计灵感来源于维多利亚时代的底纹图案并采用激光切割工艺，使整个系列的包装设计风格看起来十分复古。

1.3.4 金属容器

罐头盒最早主要是由铁制成，产生于 14 世纪的德国。19 世纪初期，法国为解决军需食品的贮放问题从而促进了罐头包装的发展。后来这项技术传到了美国，罐装牛肉和胡萝卜成为军队的固定食品而遍及世界各地。

金属罐主要用于包装饮料、啤酒等，调查分析表明，夏季人们较偏爱金属罐装饮料，主要是因为其远比纸盒装的饮料来得更为清新、凉爽。在护发用品及化妆品市场上，金属罐装容器的运用也相当成功。欧美等国家的金属包装材料中一半以上是化妆品和护发品，如发胶、摩丝、香雾等。近些年来由于亚洲市场的发展，该类用品的消耗量增幅很大。

现在的"锡"罐主要由钢皮和其他金属制成，钢皮罐具有结实、防腐蚀性好以及外观闪亮、装饰效果好等优点。随着技术的高速发展，金属材料的罐容器则越变越薄，重量也越变越轻，罐头的开启方法也得到了极大的改进。

无论哪一种金属容器，它的外观装饰主要有两种：直接印刷在金属上和在其表面粘贴环形的标签。直接印刷于容器外部可以产生很强的视觉冲击力，但缺点是易受外界环境的影响而生锈；采用粘贴标签的形式成本相对较低，但是相对于直接印刷来说，又增加了一道粘贴的加工程序，又增加了原本能节约下来的成本。

近些年来，各类金属容器的回收问题也成为金属容器制造业比较关注的问题之一。究其原因主要有以下几个方面：第一，回收后的金属可以用于制造新的产品从而减少未来的成本；其二，现在的政府及消费者比过去更关注人类自身的生存环境问题，而这个问题比金钱更重要，不但是包装制造业，其他各行各业都应该在生产的同时，多关注如何保护我们的生存空间，因为没有生存环境就没有一切，如图 6-7、图 6-8 所示。

2 系列包装设计

系列商品包装经常被大家称之为"家族式"包装设计。系列商品包装设计呈现出一些共同的特点，这种共同的特点突

◨ **图6-3 食品用塑料袋系列包装设计（设计：佚名）** 是一组食品的包装设计，颜色搭配自然清新，以食品的写实照片为主要图案，充分体现出食品的香浓可口。

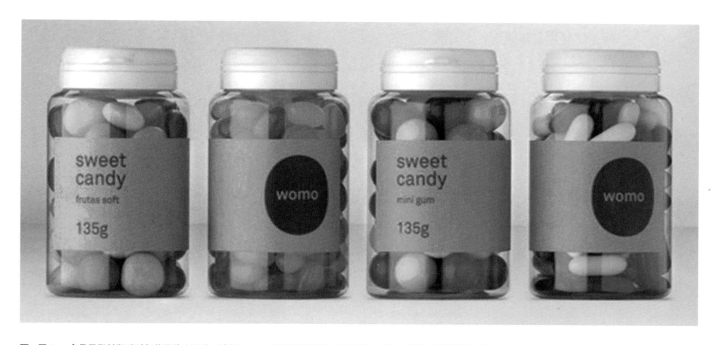

■ **图6-4 食品用塑料瓶系列包装设计（设计：佚名）** 是一组糖果的塑料瓶包装设计，该系列包装采用透明塑料瓶包装，可以充分展现出内装物色彩绚丽、诱人，同时还可以直接向受众展现出商品的高品质。外包装的瓶贴采用简单的文字设计，瓶贴的颜色也十分简单，旨在突出糖果的绚丽色彩。

出地表现了系列产品包装设计的共性，在视觉上形成一个"家族"感觉。然而，每一件商品包装所具有的个性又可以使消费者能轻松地分辨出他们之间的差别，就像看到一个大家族的兄弟姐妹一样。系列包装方式只是外在的表现，它实质上是商家的一种经营销售策略，是经过调查、分析市场上同类商品的销售状况之后所做出的重要战略决策。

商家将其生产的产品组成系列后整体推出，是具有一定战略眼光的。同时，商家也要承担相应的风险。系列包装摆放在货架上所占的面积较大，系列包装设计的共同特点，使消费者有一种统一和谐的美感，视觉冲击力比较强，很容易吸引消费者的眼球，比单一的商品包装影响大得多，这种系列的包装方式使人印象深刻，容易记忆，市场反响热烈。在较短时期内，对于开拓商品市场、抢占市场份额、形成销售的规模化是很有效的，在同类商品销售竞争中，具有举足轻重的战略意义。

系列商品包装方式的使用非常广泛，几乎所有的同类商品都可以采用系列商品包装的方式，尤其以化妆品、食品、轻工产品、土特产品为多。对于是否要采用这种包装方式，最终还要取决于厂家的决策。

2.1 系列商品的组成

系列商品的组成必须遵循以下几个原则。

2.1.1 必须是同一类的商品

也就是说，如果是不同类别的商品一般来说是不能组成系列商品的。例如，由水果制成的罐头属于食品类，它是不能和药品等其他类型的商品搭配组成系列商品的，如果有其他类型的商品混在中间，就会使人感到这不是一个"家族"的，它们不是这个家族应当有的成员，如图6-9所示。

2.1.2 必须是同一档次、价位的商品

商品有高、中、低档之分，价格有贵贱之别。所以，只有同档次的商品才能构成系列商品。例如，用水果为原料压制的全果汁饮料就不同于果味型的碳酸饮料，他们的原料差别很大，所以价格悬殊，不宜将他们组成系列商品。十年窖藏的茅台酒，就不能与一般的普通白酒构成系列，否则的话就会显得十分"掉价"。以上产品虽然都是同类却是不同档次的产品，如果组成一个系列的话，就会使人怀疑是不是全果汁，是不是真的茅台酒，就会使人感觉这个"家族的血统"不纯，这是设计师在设计时需要特别注意的问题，如图6-10～图6-12所示。

☐ **图6-5 饮料用玻璃瓶系列包装设计（设计：佚名）**是一组饮料包装设计，设计师充分利用玻璃瓶透明的特性，将设计的手绘图形直接印在瓶身上，使整个包装看起来个性十足，更加符合年轻人的品位。

☐ **图6-7 酒类用金属罐装系列包装设计（设计：佚名）**是一组金属罐装酒类设计，设计师利用简单的文字分割画面，整体设计个性十足，采用鲜明的色块填充画面，整个系列的设计现代感十足，视觉冲击力相当强。

☐ **图6-6 酒类用玻璃瓶系列包装设计（设计：佚名）** 是一组酒类的包装设计，三个瓶子上的瓶贴组合在一起是一幅风格迥异的个性插图，瓶贴上的背景色块上下分割十分明显，整个系列看起来设计既时尚个性，又不失高贵的气质。

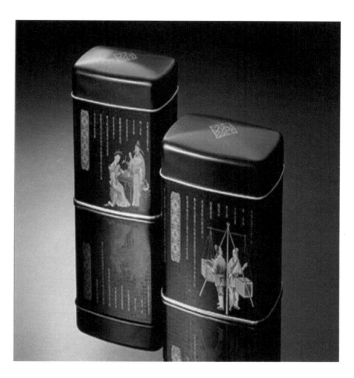

◘ **图6-8 茶叶用金属罐装系列包装设计（设计：陈幼坚）**是一组茶叶用的金属盒包装，设计师采用古典的人物画作为主要的图形，配合竖排的文字作为主要的设计元素，充分表现出整个设计古色古香，设计师结合现代的设计表现手法，充分诠释了中国风设计的魅力。

2.2 系列商品包装的构成特点

2.2.1 系列商品包装要有共同点

有共同点才能形成系列，有共性才有家族的感觉，就像我们在交朋友的时候需要有共同语言才能继续交往一样，在设计上我们要考虑统一的构成关系，例如商标、品名、产品形象等统一的位置，整个包装设计统一的整体感觉。否则，就不像是一个"家族"，就不是一个系列的商品包装，如图6-13、图6-14所示。

2.2.2 系列商品包装要个性鲜明

有个性才能分辨出每一件商品，才能知道哪一瓶是凤梨口味，哪一瓶是苹果口味，哪一瓶是蜜桃口味。设计师在设计上一定要充分突出每件商品的独特个性特征，品名、产品形象、色彩等都可以变换。否则，大家都一样或相差无几，就分辨不出这一"家族"中谁是哥哥、谁是姐姐了，如图6-15所示。

2.3 系列商品包装的设计原则

2.3.1 统一的创意构思

设计系列包装时一定要统一起来进行设计思考，提前确定整体方案：统一它们之间的共性，在共性统一的基础之上再去区别它们的个性。同时，还要注意与市场上其他厂商的同类商品的系列包装设计拉开距离，避免抄袭的嫌疑，如图6-16所示。

2.3.2 逐步制作

在确定好整体的设计方案后，需要将系列商品中的单个包装在

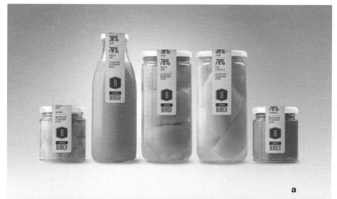

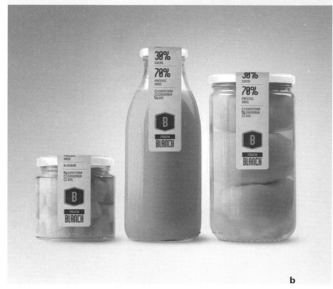

◘ **图6-9 水果罐头系列包装设计（设计：西班牙ATIPUS）** 产品本身的质量就是最好的宣传，设计师仅围绕这一点来进行该系列产品的设计，利用透明的玻璃瓶作为包装材料，可以很好地将产品的色泽向大家直接展示出来，另一方面也充分体现出商家对自己的商品有着足够的信心。系列商品中无论是几个组合在一起，都能充分体现出系列商品的系列感。

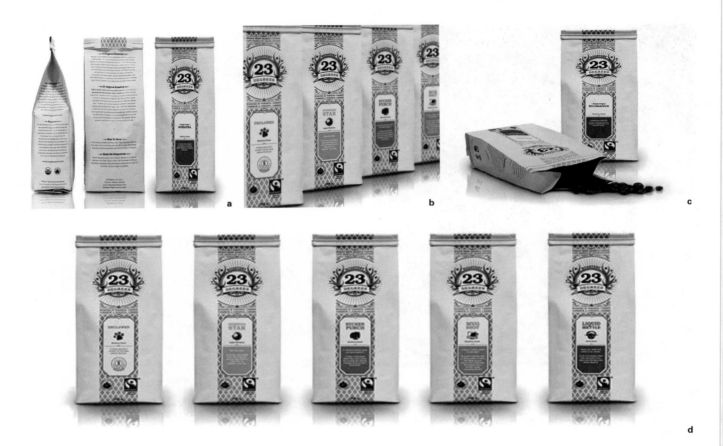

◘ **图6-10 咖啡豆系列包装设计（设计：佚名）** 是一组咖啡豆包装设计，设计师采用统一的设计风格，只是在包装的一些细节的地方修改了颜色，旨在突出产品包装设计的系列性。

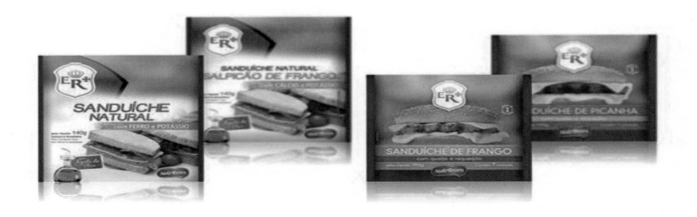

◘ **图6-11 国外食品包装设计（设计：巴西 Ferreira）** 食品的外包装是展示商品的一个重要平台，其包装形象的好坏直接关系产品的销量，在该组食品包装的形象设计中，设计师以产品的照片为设计的视觉中心点，使受众在看到产品的第一时间就产生了食欲，达到销售产品的目的。为了使画面的设计感更丰富，设计师采用一些鲜亮的、饱和度比较高的颜色来进行搭配。为了体现产品的系列性，设计师将几组产品的背景色进行了统一，采用深绿色以突出产品的形象，整组产品的包装色泽饱满、构图活泼，对产品的宣传起到了决定性的作用。

■ **图6-12 饮料系列包装设计（设计：佚名）** 是一组饮料包装设计，整个系列的包装设计风格统一，颜色高贵却不浓烈，整组颜色搭配得清新自然，配上复古风格的茶花插画，体现出浓浓的茶园风情，使消费者在品尝饮料的同时多出一点遐想的空间。

◌ **图 6-13 牛奶系列包装设计（设计：瑞典 Niklas Hessman）** 是一组牛奶包装，设计师以鲜亮、饱和度极高的颜色做底色，利用卡通人物的剪影作为主体图形，该设计中最让人赞赏的是包装盒侧面的食用说明，设计师突破了传统的文字说明形式，以简单的图标和文字相结合，直观地向受众说明问题，且很好地和主体图形搭配在一起。

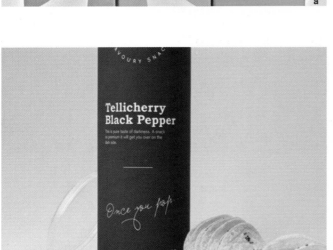

◌ **图 6-14 薯片系列包装设计（设计：瑞典 Niklas Hessman）** 是一组薯片的包装设计，设计师巧妙地利用图形的正负形关系对该组包装进行了精心安排，当一组包装放在一起时看起来风格既统一又迥然有别。

◧ **图6-15 茶叶系列包装设计**（设计：俄罗斯 Pavla Chuykina & Ann Moiseenko）著名雕塑家罗丹曾经说过，"这个世界不是缺少美，而是缺少发现美的眼睛。"该系列作品正是设计师对大自然美的一个表达，设计师将我们平时注意不到的叶子的脉络作为包装设计的主题元素，通过疏与密、大与小的对比排列，使该系列包装作品看起来视觉冲击力震撼，且富于形式构成的美感。

整体方案的框架内分别设计制作，需要特别强调的是系列包装设计的整体感，注意产品形象、品名的设计和整体大色调的把握。在我们完成大部分商品包装设计后即可将其推向市场，其余尚未定下来的产品或以后想要加进这个系列的新产品，都照此办法设计，保持系列化的感觉即可，如图 6-17 所示。

2.4 系列商品包装的实际应用

世界上任何事物有利必有弊，不可能是单一的一个方面的，系列化商品包装也是如此。

它的好处在于：商家可以向市场上同时或者先后推出一组商品，形成一个销售的浪潮，给消费者留下深刻的印象。当消费者在使用该系列中其中一件或部分商品感觉不错的情况下，就会对整个系列的产品产生同样的好感，进而这个系列内的其他商品的销售也就会被带动起来，这是一个连续的广告效应。这种系列的商品包装方式对于扩大商品销售，迅速占领市场份额，对其他厂商同类商品在同一市场上的销售造成冲击，对创立自己的商品品牌是十分有效的一种方法。

它的缺点在于：所有系列产品必须保证同等的质量，如果其中的任何一件产品发生了质量问题，这对于整个系列的产品将是致命的灾难，甚至很可能在一夜之间，整个系列的所有商品都

会卖不出去了，这就是俗语所说的"一粒老鼠屎坏了一锅汤"的典型，如图 6-18 所示。

2.5 系列商品包装在商品包装中的地位

从各种包装形式看，系列化的商品包装是很常用、很重要的一种包装形式。它的利弊是十分明显的，因此厂家只要把握住产品的质量，及时关注市场信息，大胆做决策，谨慎的操作，可以说系列包装是很有成效的。但前提是产品质量一定要好，销售信息要及时畅通。在产品质量不稳定的时期，建议厂商不要轻易采用系列包装这种形式来促进销售，产品质量不稳定所带来的经营风险过大，不易把握，很可能会给企业造成致命的损失。

2.6 在设计系列商品包装时应从何处着手

设计系列商品包装时，首先要从研究商品开始。在设计实践中，经常会遇到这样的问题：需要设计多少件产品包装才能构成一个系列？

研究系列商品包装设计，首先要从所选定商品开始研究起，了解商品的市场价格、性质、消费对象、消费方式等等。例如休闲类的小食品，消费者多为年轻人，产品覆盖的范围广，逛街、聚会都会用到。每一种休闲产品的品种繁多，但总的来说休闲食品的量都很少，符合年轻人的消费习惯，一个系列的商品可

a

b

c

d

e

◙ **图 6-16 工具系列包装设计** （设计：西班牙 Marc Monguilod）该系列
的工具包装设计令我们眼前一亮，原来工具的包装也可以这么有创意，这为我
们以后拓展设计思路提供更多的借鉴。该系列设计中设计师利用大自然中动物
的相同特性，比喻工具的用途，为冰冷的工具增加了许多趣味性。

f

a   b

○ **图6-17 冰淇淋包装盒设计（设计：俄罗斯 Blixa）** 该系列的产品的颜色十分鲜艳，对比强烈，设计师恰当的运用了对比色，将产品的美味淋漓尽致的表现出来。

能十几件，甚至几十件才能组成。月饼是中国特有的传统食品，除自己消费外，消费者大多数会用来送礼，不同口味的月饼可能三五件就构成一个系列。我们可以这样认为：系列商品"只有下限，没有定数"。也就是说，系列商品至少得三五件，否则不能成为系列。至于系列商品的上限没有界定，完全依据不同性质的商品决定，没有定数。设计师在设计系列商品之前，应该先做市场调查，进行研究之后，再去确定系列商品组成的合理件数，如图6-19所示。

2.7 系列商品包装的设计定位

商品包装要传递的基本信息包括生产者、产品和消费对象。包装上的商标和企业名称体现的是生产者；产品形象和品名在包装上体现的是产品；消费者形象和文字说明在包装上的体现的是消费对象。

在商品包装主要展示面上应以其中一个信息为主，作为包装的设计切入点，这就是所谓的设计定位。如果生产厂家是大企业或者是著名的品牌，包装设计可以定位在生产者上，突出商标；如果产品特别漂亮、具有吸引力，例如令人流涎欲滴的美食，颜色诱人的蔬果，包装设计则可以定位在产品上，充分表现出产品的动人形象；如果是针对某一消费群体的商品，例如销售给时尚女性的化妆品，包装设计可以定位在消费者上，展示消费对象的靓丽形象。以上介绍的这些是最基本的设计定位方式，通过对以上几种基本的定位方式的组合，可以衍生出另外几种定位方式：产品＋生产者，产品＋消费者，生产者＋消费者，甚至可以是生产者＋产品＋消费者，如图6-20所示。

2.8 系列商品包装设计的形式法则

在包装设计时，产品名称、商标、产品形象、图形、说明文字、条形码等诸如此类的素材都可以把他们看成是点、线、面这种抽象的元素。设计师要把这些元素合理地搭配起来使之看起来更加和谐，在设计过程中要注意各个元素之间的大小、黑白、长短、粗细、疏密、空间、比例、色彩的明度和纯度，以及色相等对比与调和的关系，注意视觉上的节奏感与韵律感，让它们符合形式美的法则。在进行设计时，应该更加注重"平面构成"中将知识与商品包装设计有机地结合起来。

◨ **图6-18 牛奶系列包装设计**
（设计：**英国 Simon**）这一系
列的牛奶包装共有六个瓶子，每
一个瓶签都不一样，颜色也各不
相同，然后将它们统一放入到一
个铁条制作成的篮子里，这个篮
子可以很好地盛装该系列商品，
而且这个篮子还可以重复回收使
用，设计简约、实用、环保。

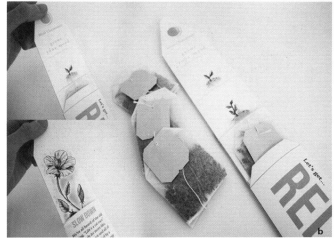

◪ **图 6-19 花茶系列包装设计（设计：Alexander Chin）** 意境花园是一家专门提供便捷性包装的茶叶公司，因为这是一个全新的概念，所以必须创造出全新的包装来和传统的茶叶企业区分开来。设计师在每个茶叶包装上都混合着独特的色彩和花卉图案，当你将一包包的茶叶逐个取走时，你会看到花儿从小到大的一个生长过程，心情也就会在这些视觉的变化中得到一种享受和愉悦。好的设计从来都是一件艺术品，都值得我们去收藏，在该设计中，我们可以将空的包装盒作为书签使用，既节约又时尚。

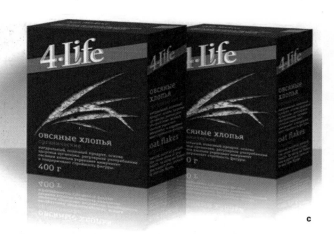

◨ **图6-20 燕麦系列包装设计（设计：俄罗斯Blixa）** 燕麦包装设计盒形统一，设计师精心地为每一个包装盒设计出了一个窗户，使消费者在购买商品时可以直观地看到商品。

【设计案例】巧克力系列包装设计(设计：杨若菡)

因为系列包装设计在包装设计中占有主要地位，所以系列包装设计一直是设计者研究的主要对象。该系列包装的主要销售对象定位是年轻的情侣，采用象征爱情的红色作为系列包装设计的主色调，整个系列的包装看起来既温馨又时尚，如图6-21所示。

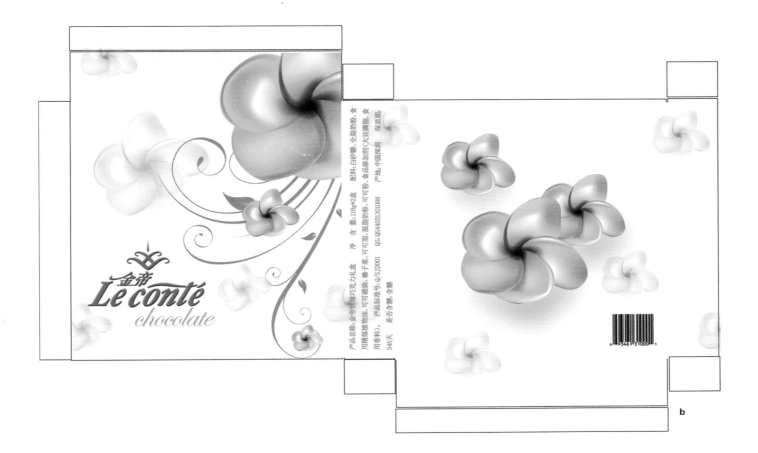

产品名称:金帝摩维巧克力礼盒　净　含　量:118g×2盒　配料:白砂糖、全脂奶粉、食用精炼植物油、可可液块、脱子浆、可可粉、食品添加剂(大豆磷脂、食用香料)、产品标准号:Q/SJD001　QS:QS440313201098　产地:中国深圳　保质期:545天　是否含糖:含糖

b

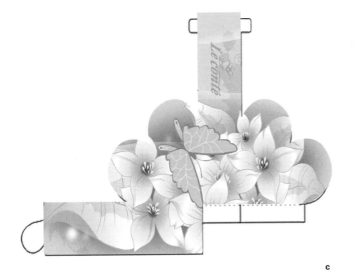

c

d

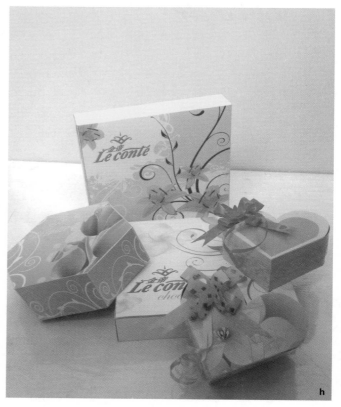

本章小结：

本章主要是向大家介绍一些国内外的优秀系列包装设计案例，系列包装设计是我们一个大的设计重点部分，笔者旨在通过精彩的设计案例以及细致入微的文字介绍向大家展示出系列包装的独特魅力。

课后思考题：

1. 包装容器都有哪几类，各自之间有什么区别？
2. 系列包装的设计需要注意哪些问题？

课题设计：

自己动手为某一品牌设计一个系列包装。

☐ **图6-21 巧克力系列包装设计的展开图和效果图**

参考文献

[1]　沈卓娅，刘境奇 . 包装设计［M］. 北京：中国轻工业出版社，1999.

[2]　过山，谭曼玲 . 包装设计［M］. 合肥：合肥工业大学出版社，2004.

[3]　王芙亭，杨冬梅 . 包装设计［M］. 北京：海洋出版社，2008.

[4]　张立 . 包装设计［M］. 北京：中国纺织出版社，2011.

[5]　李航 . 包装设计基础［M］. 辽宁：辽宁美术出版社，2009.

[6]　顾惠忠 . 纸质包装设计［M］. 上海：上海书店出版社，2008.

[7]　胡娉，产品包装设计与制作［M］. 北京：清华大学出版社，2006.

[8]　比尔·斯图尔特 . 包装设计培训教程［M］. 上海：上海人民美术出版社，2010.

[9]　黄彬 . 包装装潢与造型设计［M］. 北京：印刷工业出版社有限公司，2010.

[10]　刘春雷 . 包装造型创意设计［M］. 北京：印刷工业出版社，2012.

[11]　徐丽 . 现代包装设计视觉艺术［M］. 北京：化学工业出版社，2012.

[12]　中国就业培训技术指导中心［M］. 高级包装设计师［M］. 北京：中国劳动社会保障出版社，2010.

[13]　肖松岭 . 广告及包装设计［M］. 北京：电子工业出版社，2010.

[14]　陈金明 . 功能包装纸型设计［M］. 辽宁：辽宁科学技术出版社，2007.8

本书所使用图片资料的部分作品未查出作者详细信息故未列出，还望见谅，作者可与本书作者肖英隽联系，电子邮箱：xiaoyingjuen@yahoo.com.cn。同时欢迎广大读者交流，提出宝贵意见与建议。

致谢

经过几个月的努力，我终于将《包装设计》一书顺利交稿。这个过程充满苦乐。今天，我满怀喜悦。在此，我特别感谢丛书主编刘宝岳、张立教授对我的信任，同时还要感谢参与编辑的王赞捷同学以及为本书提供设计图片的本院学生。谢谢！